现代化堤防工程施工技术与质量控制研究

谢立强　王　娟　孙怀欣　主编

哈尔滨出版社
HARBIN PUBLISHING HOUSE

图书在版编目（CIP）数据

现代化堤防工程施工技术与质量控制研究／谢立强，
王娟，孙怀欣主编． -- 哈尔滨 ： 哈尔滨出版社，
2023.1

ISBN 978-7-5484-6863-9

Ⅰ．①现… Ⅱ．①谢… ②王… ③孙… Ⅲ．①堤防－
防洪工程－工程施工－质量控制－研究 Ⅳ．① TV871.2

中国版本图书馆 CIP 数据核字（2022）第 202604 号

书　　名：现代化堤防工程施工技术与质量控制研究

XIANDAIHUA DIFANG GONGCHENG SHIGONG JISHU YU ZHILIANG KONGZHI YANJIU

作　　者：谢立强　王　娟　孙怀欣　主编
责任编辑：张艳鑫
封面设计：张　华
出版发行：哈尔滨出版社（Harbin Publishing House）
社　　址：哈尔滨市香坊区泰山路 82-9 号　邮编：150090
经　　销：全国新华书店
印　　刷：河北创联印刷有限公司
网　　址：www.hrbcbs.com
E - mail：hrbcbs@yeah.net
编辑版权热线：（0451）87900271　87900272
开　　本：787mm×1092mm　1/16　印张：9　字数：200 千字
版　　次：2023 年 1 月第 1 版
印　　次：2023 年 1 月第 1 次印刷
书　　号：ISBN 978-7-5484-6863-9
定　　价：68.00 元

凡购本社图书发现印装错误，请与本社印制部联系调换。
服务热线：（0451）87900279

编委会

主　编

谢立强　山东临沂水利水电建筑安装公司

王　娟　山东临沂水利水电建筑安装公司

孙怀欣　山东临沂水利水电建筑安装公司

副主编

郭　庆　山东临沂水利水电建筑安装公司

刘珂堂　山东临沂水利水电建筑安装公司

邵明军　山东临沂水利水电建筑安装公司

（以上副主编排序以姓氏首字母为序）

前　言

　　堤防是河道防洪工程的重要建筑物，是保护人民群众生命财产安全的重要屏障，千里之堤，溃于蚁穴，一点疏忽都可能造成土堤施工质量问题，影响堤防安全。因此，提高筑堤工程施工质量非常重要，建立一套科学规范施工方法是提高土方筑堤施工质量的关键所在。

　　堤防工程涉及土料的选择与土场布置、施工放样与堤基处理、铺土压实与竣工验收等多个方面。在施工过程中，对于任何一方面的疏忽都会导致堤防修建的失败，所以在施工过程中要严格按照施工要求和标准进行施工。在堤防工程施工过程中，堤防填筑施工技术是最为重要的一个方面。

　　堤防工程的质量控制是全过程的质量控制，是堤防工程施工阶段的一项重要工作，在施工中应首先重视人和材料对工程的影响，规范各个工序的操作行为，并有针对性地对主要指标，如铺料厚度、压实度等加强控制，从而提高堤防工程的施工质量，确保施工质量达到设计要求，以期实现最佳效益。

　　堤防工程与河流、湖泊、海岸等水体周围人们的生命财产安全关系密切，因此其具有非常重要的作用。而堤防工程所采用的施工技术方法又在很大程度上影响着工程的施工质量和使用寿命，所以，在进行堤防工程施工时，要严格按照相关的规范和标准进行作业，并根据工程实际情况，采用更为合理的施工技术及施工方案，保证施工高效有序地开展。

目　录

第一章　堤防工程概况

自古以来，我国劳动人民傍水而居，为防范江河洪水自由泛滥成灾和湖海风浪潮水侵袭之患，依水筑堤，把洪水潮浪约束限制在设定的流路和水域范围之内，以保障江河中下游沿岸和湖海之滨人民的生命财产安全。堤防工程（本书包括建筑在堤防上的水闸工程）是沿江河、湖泊、海洋的岸边或蓄滞洪区、水库库区的周边修建的防止洪水漫溢或风暴潮袭击的挡水建筑物。这是人类在与洪水做斗争的实践中最早使用而且至今仍被广泛采用的一种重要的防洪工程。

我国已有数千年的筑堤防洪史，早在春秋战国时期（公元前770至公元前221年），黄河下游已有修筑堤防，后经历代人的长期奋斗，沿江河两岸逐渐形成了绵延数百千米乃至数千千米的比较完整的堤防工程系统，并在堤防工程的规划、设计和施工方面，积累了许多宝贵的经验，这对促进当时的农业发展和地方经济文化的繁荣起到了巨大的作用。

当今时代，我国政府十分重视江河堤防工程建设，投入大量人力、物力，一方面对原有残破不堪的堤防工程和其他防洪设施进行了规模空前的全面整修，加高培厚，护坡固基；另一方面修建了大量新的堤防工程，并多方采取措施加固堤防。

第一节　堤防工程分类

堤防工程按其所在的位置和作用的不同，可分为河堤、湖堤、海堤、围堤和水库堤防工程五种。这五种堤防工程因其工作条件不同，其设计断面也略有差别。对于河堤来说，因洪水涨落较快，高水位持续历时一般不会太长，少则数小时，多者也不会超过一两个月，其承受高水位压力的时间不长，堤身浸润线往往不能发展到最高洪水位的位置，故堤防工程断面尺寸相对可以小些；对于湖堤来说，由于湖水位涨落缓慢，高水位持续时间较长，一般可达五六个月之久，且水面辽阔，风浪较大，故堤身断面尺寸应较河堤为大，且临水面应有较好的防浪护面，背水面须有一定的排渗设施；围堤用于临时滞蓄超标准洪水，其实际工作机会远不及河堤和湖堤频繁，但修建标准一般应与干堤相同。

沿河、渠、湖、海岸或行洪区、分洪区、围垦区的边缘修筑的挡水建筑物称为堤防。堤防是世界上最早广为采用的一种重要防洪工程。筑堤是防御洪水泛滥，保护居民和工农业生产的主要措施。河堤约束洪水后，将洪水限制在行洪道内，使同等流量的水深增加，行洪流速增大，有利于泄洪排沙。此外，堤防还可以抵挡风浪及抗御海潮。堤防的建设，一般都与河道整治密切结合。例如为了扩大河道泄洪能力，除加高培厚堤防还要采取疏浚河道、截弯取直、改建退建以及及时清除河道内的阻水障碍物等措施。为了巩固堤防，需要修建河道流势的控导工程和险工段的防护工程等。堤防按其修筑的位置不同，可分为河堤、江堤、湖堤、海堤以及水库、蓄滞洪区低洼地区的围堤等；堤防按其功能可分为干堤、支堤、子堤、遥堤、隔堤、行洪堤、防洪堤、围堤（圩垸）、防浪堤等；堤防按建筑材料可分为土堤、石堤、土石混合堤和混凝土防洪墙等。

河堤又可分为遥堤、缕堤、格堤、月堤或越堤等。遥堤又叫主堤或干堤，距河较远，堤身较厚，用于防御特大洪水，是防洪的最后一道防线，不同河流会有专门的名称，如黄河的临黄堤、武汉市的张公堤等；缕堤又名民埝、民埂或生产堤，距河较近，堤身单薄，用于抗御较小的洪水，保护缕堤至遥堤间的滩地生产，洪水较大时，可能漫溢溃决；格堤为连接遥堤与缕堤的横向堤防工程，形成格状，一旦缕堤决口，水遇格堤即止，使淹没范围仅限一格，同时可防止沿遥堤形成串沟夺河，威胁干堤安全；月堤和越堤皆为依缕堤或遥堤进占或后退的月牙形堤防工程，当河身变动逼近堤防工程而保护河岸又有困难时，修建月堤（也称"套堤"）退守新线；当河身变动远离堤防工程时，为争取耕地可修越堤，同时也为防洪增加一道新的前沿防线。除此之外，在防洪抢险时，为防止洪水漫越堤顶，临时在堤顶加修的小堤，又称子埝或子堤。

第二节　堤防工程防洪标准

防洪标准是指防洪设施应具备的防洪（或防潮）能力，一般情况下，当实际发生的洪水小于防洪标准洪水时，通过防洪系统的合理运用，实现防洪对象的防洪安全。

由于历史最大洪水会被新的更大的洪水所超过，所以任何防洪工程都只能具有一定的防洪能力和相对的安全度。堤防工程建设根据保护对象的重要性，选择适当的防洪标准。若防洪标准高，则工程能防御特大洪水，相应耗资巨大，虽然在发生特大洪水时减灾效益很大，但毕竟特大洪水发生的概率很小，甚至在工程寿命期内不会出现，造成资金积压，长期不能产生效益，还可能因增加维修管理费而造成更大的浪费；若防洪标准低，则所需的防洪设施工程量小、投资少，但防洪能力弱、安全度低，工程失事的可能性就大。

一、堤防工程防洪标准和级别

堤防工程本身没有特殊的防洪要求，其防洪标准和级别划分依赖于防护对象的要求，是根据防护对象的重要性和防护区范围大小而确定的。堤防工程防洪标准，通常以洪水的重现期或出现频率表示。按照《堤防工程设计规范》（GB 50286-2013）的规定，堤防工程级别是依据堤防工程的防洪标准判断的，见表 1-1。

表 1-1 堤防工程的级别

防洪标准［重现期（年）］	≥100	< 100 且 ≥50	< 50 且 ≥30	< 30 且 ≥20	< 20 且 ≥10
堤防工程的级别	1	2	3	4	5

二、堤防工程设计洪水标准

依照防洪标准所确定的设计洪水，是堤防工程设计的首要资料。目前设计洪水标准的表达方法，以采用洪水重现期或出现频率较为普遍。

因为堤防工程为单纯的挡水构筑物，运用条件单一，在发生超设计标准的洪水时，除临时防汛抢险外，还运用其他工程措施来配合，所以可只采用一个设计标准，不用校核标准。

确定堤防工程的防洪标准与设计洪水时，还应考虑到有关防洪体系的作用，如江河、湖泊的堤防工程，由于上游修筑水库或开辟分洪区、滞洪区、分洪道等，堤防工程的防洪标准和设计洪水标准就提高了。

堤防工程的防护对象是指堤防工程防护区的防护对象。在确定堤防工程的防护对象时首先要划分堤防工程的防护区。划分防护区需要考虑的因素比较多，其中主要的因素有：洪水大小及其发生的概率、洪水决溢过程及其水量洪泛区的地形及地物状况、行洪及退水条件、人类可能进行的干预等。在堤防设计中，特别是在大量的级别较低的堤防设计中，普遍要求划分防护区是有困难的。但是，防护区划分是确定堤防工程防洪标准的基本依据，因而至少在高级的堤防工程设计中，对防护区的划分要有一套完整的计算分析办法。

防护区的划分对于大多数海堤来说，与河湖堤防有较大的差别。中国为数众多的海堤，保护面积较小，它们在风暴潮侵袭时，可能发生全线溃决，防护区全部受淹，各次淹没范围比较小，因而确定防护区的范围比较容易。但是，对于堤线较长的海堤和大多数河、湖堤防，不同的洪水灾害，其淹没范围有着显著的差别。因而，以行政区或流域作为统计单位的堤防工程保护范围，通常不能直接作为确定防洪标准用的堤防工程防护区。在技术经济论证中，堤防工程的防护区应该是在特定洪水发生时，在无堤及某种标准的堤防条件下，洪水决溢所影响的范围。

洪水的峰和量都是有限的，除了夺流改道外，决溢于堤防之外的洪水更是有限的。根据目前的科学技术水平，在发生不同频率洪水的条件下，通过计算和合理性分析，可以得出具有一定置信程度的不同的洪水淹没范围。问题只在于是应该采取特大洪水的淹没范围，还是采用多年平均的淹没范围，还是采用某一频率的淹没范围。

对于大江大河、重要城市重要工矿企业或其他重要防护对象，可采用历史最大或可能最大的洪水淹没范围作为堤防工程的防护区。但如果普遍采用，堤防工程的防洪标准将提高，以至于国力难以承受。采用多年平均淹没范围作为堤防工程防护区，从理论上讲具有较强的合理性，对于为数众多的低等级堤防来说，由于其计算分析的工作量太大而难于实施。对于多数堤防工程，无论是高级的还是低级的，建议采用接近于堤防防洪标准的设计洪水，作为计算决溢和淹没的条件就是假定某一重现期的洪水，根据无堤现有堤防或设计堤防的状况进行溢洪分析计算，再根据决溢过程及洪泛区的地形等条件计算淹没范围，据此，选出堤防的防洪标准。如果该标准与前边的假定相差甚远，则重新假定后再做，直至二者较为接近为止。这样的做法，体现了堤防等级的差别，可以避免普遍提高防洪标准的情况发生。

第三节　堤防工程设计

堤防工程设计主要包括设计洪水位、设计堤顶高程等技术指标及堤顶宽度、堤防边坡等堤防断面尺寸标准的确定。对于重要的堤防工程，还需进行渗流计算与渗控措施设计，堤坡稳定分析和抗震设计等。

一、设计洪水位的确定

设计洪水位是指堤防工程设计防洪水位或历史上防御过的最高洪水位，是设计堤顶高程的计算依据。接近或达到该水位，防汛进入全面紧急状态，堤防工程临水时间已长，堤身土体可能达饱和状态，随时都有可能出现重大险情。这时要密切巡查，全力以赴，保护堤防工程安全，并根据"有限保证，无限负责"的原则，对于可能超过设计洪水位的抢护工作也要做好积极准备。

二、堤顶高程的确定

当设计洪峰流量及洪水位确定之后，就可以据此设计堤距和堤顶高程。

堤距与堤顶高程是相互联系的。同一设计流量下，如果堤距窄，则被保护的土地面积大，但堤顶高、筑堤土方量大、投资多，且河槽水流集中，可能发生强烈冲刷，汛期防守困难；如果堤距宽，则堤身矮，筑堤土方量小、投资少，汛期易于防守，但河道水流不集中，河槽有可能发生淤积，同时放弃耕地面积大，经济损失大。因此，堤距与堤顶高程的选择存在着经济、技术最佳组合问题。

（一）堤距

堤距与洪水位关系可用水力学中推算非均匀流水面线的方法确定，也可按均匀流计算得到设计洪峰流量下堤距与洪水位的关系。堤距的确定，需按照堤线选择原则，并从当地的实际情况出发，考虑上下游的要求，进行综合考虑。除进行投资与效益比较外，还要考虑河床演变及泥沙淤积等因素。例如，黄河下游大堤堤距最大达 15~23km，远远超出计算所需堤距，其原因不只是容、泄洪水，还有滞洪滞沙的作用。最后，选定各计算断面的堤距作为推算水面线的初步依据。

（二）堤顶高程

堤顶高程应按设计洪水位或设计高潮位加堤顶超高确定。

堤顶超高应考虑波浪爬高、风壅增水、安全加高等因素。为了防止风浪漫越堤顶，需加上波浪爬高；此外，还需加上安全超高，堤顶超高按下式计算确定。1、2 级堤防工程的堤顶超高值不应小于 2.0 m。

$$Y = R + E + A$$

式中：

Y——堤顶超高，m；

R——设计波浪爬高，m；

E——设计风壅增水高度，m；

A——安全加高，m，按表 1-2 确定。

表 1-2　堤防工程的安全加高值

堤防工程的级别		1	2	3	4	5
安全加高值（m）	不允许越浪的堤防工程	1.0	0.8	0.7	0.6	0.5
	允许越浪的堤防工程	0.5	0.4	0.4	0.3	0.3

波浪爬高与地区风速、风向、堤外水面宽度和水深，以及堤外有无阻浪的建筑物、树林、大片的芦苇、堤坡的坡度与护面材料等因素都有关系。

三、堤身断面尺寸

堤身横断面一般为梯形，其顶宽和内外边坡的确定，往往是根据经验或参照已建的类似堤防工程，首先初步拟定断面尺寸，然后对重点堤段进行渗流计算和稳定校核，使堤身有足够的质量和边坡，以抵抗横向水压力，并在渗水达到饱和后不发生坍滑。

堤防宽度的确定，应考虑洪水的渗径和汛期抢险交通运输以及防汛备用器材堆放的需要。汛期高水位，若堤身过窄，渗径短，渗透流速大，渗水容易从大堤背水坡腰溢出，发生险情。对此，需按土坝渗流稳定分析方法计算，大堤浸润线位置检验堤身断面。

边坡设计应视筑堤土质、水位涨落强度和洪水持续历时、风浪、渗透情况等因素而定。一般是临水坡较背水坡陡一些。在实际工程中，常根据经验确定。如果采用壤土或沙壤土筑堤，且洪水持续时间不太长，当堤高不超过 5 m 时，堤防临水坡和背水坡边坡系数可采用 2.5~3.0；当堤高超过 5 m 时，边坡应更平缓些。例如荆江大堤，临水坡边坡系数为 2.5~3.0，背水坡为 3.0~6.3，黄河下游大堤标准化堤防工程建成后临水坡和背水坡边坡系数均为 3.0。若堤身较高，为增加其稳定性和防止渗漏，常在背水坡下部加筑戗台或压浸台，也可将背水坡修成变坡形式。

四、渗流计算与渗控措施设计

一般土质堤防工程，在靠水、着溜时间较长时，均存在渗流问题。同时，平原地区的堤防工程，堤基表层多为透水性较弱的黏土或沙壤土，而下层则为透水性较强的砂层、砂砾石层。当汛期堤外水位较高时，堤基透水层内出现水力坡降，形成向堤防工程背河的渗流。在一定条件下，该渗流会在堤防工程背河表土层非均质的地方突然涌出，形成翻砂鼓水，引起堤防工程险情，甚至出现决口。因此，在堤防工程设计中，必须进行渗流稳定分析计算和相应的渗控措施设计。

（一）渗流计算

水流由堤防工程临河慢慢渗入堤身，沿堤的横断面方向连接其所行经路线的最高点形成的曲线，称为浸润线。渗流计算的主要内容包括确定堤身内浸润线的位置渗透比降、渗透流速以及形成稳定浸润线的最短历时等。

（二）渗透变形的基本形式

堤身及堤基在渗流作用下，土体产生的局部破坏，称为渗透变形。渗透变形的形式及其发展过程，与土料的性质及水流条件、防渗排渗等因素有关，一般可归纳为管涌、流土、接触冲刷、接触流土或接触管涌等类型。管涌为非黏性土中，填充在土层中的细颗粒被渗透水流移动和带出，形成渗流通道的现象；流土为局部范围内成块的土体被渗流水掀起浮动的现象；接触冲刷为渗流沿不同材料或土层接触面流动时引起的冲刷现象；当渗流方向垂直于不同土壤的接触面时，可能把其中一层中的细颗粒带到另一层由较粗颗粒组成的土层孔隙中的管涌现象，称为接触管涌。如果接触管涌继续发展，形成成块土体移动，甚至形成剥蚀区时，便形成接触流土。接触流土和接触管涌变形，常出现在选料不当的反滤层接触面上。渗透变形是汛期堤防工程中常见的严重险情。

一般认为，黏性土不会产生管涌变形和破坏；沙土和砂砾石，其渗透变形形式与颗粒级配有关。颗粒不均匀系数，$\eta = d_{60}/d_{10} < 10$ 的土壤易产生流土变形；$\eta > 20$ 的土壤会产生管涌变形；$10 < \eta < 20$ 的土壤，可能产生流土变形，也可能产生管涌变形。

（三）产生管涌与流土的临界坡降

使土体开始产生渗透变形的水力坡降为临界坡降。当有较多的土料开始移动时，产生渗流通道或较大范围破坏的水力坡降，称为破坏坡降。临界坡降可用试验方法或计算方法加以确定。

为了防止堤基不均匀性等因素造成的渗透破坏现象，防止内部管涌及接触冲刷，容许水力坡降可参考建议值（见表1-3）选定。如果在渗流出口处做有滤渗保护措施，表1-3中所列允许渗透坡降可以适当提高。

表1-3　控制堤基土渗透破坏的容许水力坡降

基础表层土名称	堤坝等级			
	I	II	III	IV
一、板桩形式的地下轮廓				
1. 密实黏土	0.50	0.55	0.60	0.65
2. 粗砂、砾石	0.30	0.33	0.36	0.39
3. 壤土	0.25	0.28	0.30	0.33
4. 中砂	0.20	0.22	0.24	0.26
5. 细砂	0.15	0.17	0.18	0.20
二、其他形式的地下轮廓				
1. 密实黏土	0.40	0.44	0.48	0.52
2. 粗砂、砾石	0.25	0.28	0.30	0.33
3. 壤土	0.20	0.22	0.24	0.26
4. 中砂	0.15	0.17	0.18	0.20
5. 细砂	0.12	0.13	0.14	0.16

（四）渗控措施设计

堤防工程渗透变形产生管漏涌沙，往往是引起堤身蛰陷溃决的致命伤。为此，必须采取措施，降低渗透坡降或增加渗流出口处土体的抗渗透变形能力。目前工程中常用的方法，除在堤防工程施工中选择合适的土料和严格控制施工质量外，主要采用"外截内导"的方法治理。

1. 临河面不透水铺盖

在堤防工程临水面堤脚外滩地上，修筑连续的黏土铺盖，以增加渗径长度，减小渗流的水力坡降和渗透流速，是目前工程中经常使用的一种防渗技术。铺盖的防渗效果，取决于所用土料的不透水性及其厚度。根据经验，铺盖宽度约为临河水深的15~20倍，厚度视土料的透水性和干容重而定，一般不小于1.0 m。

2. 堤背防渗

当背河堤基透水层的扬压力大于其上部不（弱）透水层的有效压重时，为防止发生渗透破坏，可采取填土加压，增加覆盖层厚度的办法来抵抗向上的渗透压力，并增加渗径长度，消除产生管涌、流土险情的条件。盖重的厚度和宽度，可依盖重末端的扬压力降至允许值的要求设计。近些年来，在黄河和长江一些重要堤段，采用堤背放淤或吹填办法增加盖重，同时起到了加固堤防和改良农田的作用。

3. 堤背脚滤水设施

对于洪水持续时间较长的堤防工程，堤背脚渗流出逸坡降达不到安全容许坡降的要求时，可在渗水逸出处修筑滤水戗台或反滤层、导渗沟、减压井等工程。

滤水戗台通常由砂、砾石滤料和集水系统构成，修筑在堤背后的表层土上，增加了堤底宽度，并使堤坡渗出的清水在戗台汇集排出。反滤层设置在堤背面下方和堤脚下，其通过拦截堤身和从透水性底层土中渗出的水流挟带的泥沙，防止堤脚土层侵蚀，保证堤坡稳定。堤背后导渗沟的作用与反滤层相同。当透水地基深厚或为层状的透水地基时，可在堤坡脚处修建减压井，为渗流提供出路，减小渗压，防止管涌发生。

第二章　堤基施工

第一节　堤基清理

一、施工方法

1. 测量放样

2. 清理

（1）植被清理。表层杂物、杂草、树根、表层腐殖土、泥炭土、洞穴、沟、槽等清除工作采用人工配合推土机铲推成堆；表层是耕地或松土，清除表面后先平整再压实。将堤基清除的弃土、杂物、废渣等由挖掘机装车运至指定的弃渣场堆放，或堆至河道开挖面随后随河道开挖一并运至弃土场。部分大树根采用挖掘机深挖取出，所留坑塘在堤防填筑前根据碾压实验方案进行回填碾压填平处理。

（2）表土清挖。堤基清理范围：迎水坡为设计基面边线外 30~50cm，背水坡为设计基面边线外 30~50cm。

表土清挖根据堤围地形情况分阶段分层进行。划分层次以后，挖掘机进行表土浅挖，浅挖标准为现状标高以下 20~30cm，推土机集料，挖掘机装车，自卸汽车运土到弃渣场堆放。在清挖过程中修筑截水沟，设置必要的排水设施。为达到压实度要求，在清除表层浮土后采用压路机将清理痕迹碾压至平整。

高低结合处先用推土机沿堤轴线推成台阶状，交接宽度不小于 50cm，地表先进行压实及基础处理，测量出地面标高、断面尺寸。

原地面横坡度不陡于 1：5 时，清除植被；横坡度陡于 1：5 时，原地面挖成台阶，台阶宽度不小于 1m，每级台阶高度不大于 30cm。

基面清理平整后，报监理验收。基面验收后抓紧施工，若不能立即施工时，做好基面保护，复工前再检验，必要时需重新清理。

二、基面清理工序施工质量

在堤基清理工作完成后，参照《水利水电工程单元工程施工质量验收评定标准》需要按照表 2-1 标准进行检验。

表 2-1　基面清理工序施工质量标准

项次	检验项目	质量要求	检验方法	检验数量
主控项目	表层清理	堤基表层的淤泥、腐殖土、泥炭土、草皮、树根、建筑垃圾等应清理干净	观察	全面检查
	堤基内坑、槽、沟、穴等处理	按设计要求清理后回填、压实	土工试验	每处或每 400m 每层取样一个
	结合部处理	清除结合部表面杂物，并将结合部挖成台阶状	观察	全面检查
一般项目	清理范围	基面清理包括堤身、戗台、铺盖、盖重、堤岸防护工程的基面，其边界应在设计边线外 0.3~0.5m，老堤加高培厚的清理尚应包括堤坡及堤顶等	量测	按施工段堤轴线长 20~50m 量测一次

第二节　软弱堤基施工

一、垫层法

1. 加固原理

在软弱堤基上铺设垫层可以扩散堤基承受的荷载，减少堤基的应力和变形，提高堤基的承载力，从而使堤基满足稳定性的要求；同时由于垫层的透水性较好，在堤基受压后，垫层可作为良好的排水面，使堤基里的孔隙水压力迅速消散，从而加速堤基的排水固结，提高堤基强度。

2. 适用范围

垫层法适用于深度在 2.5m 内的软弱堤基处理，不宜用于加固湿陷性黄土堤基及膨胀土堤基。

3. 施工材料

垫层法施工时，其透水材料可以使用砂、砂砾石、碎石、土工织物，各透水材料可单独使用亦可两者结合使用。砂、砂砾石、碎石垫层材料要有良好的级配，质地坚硬，其颗粒的不均匀系数应不小于 10。沙砾中石子粒径应小于 50mm；碎石粒径宜在 5~40mm 范围内。各透水材料中均不得含有草根、垃圾等杂物，含泥量应小于 5%，兼做排水垫层时，含泥量不得超过 3%。

4. 施工要点

（1）铺筑垫层前要清除基底的浮土、淤泥、杂物等。

（2）垫层底面尽量铺设在同一高程上，当垫层深度不同时，要按先深后浅的顺序施工，交接处挖成踏步或斜坡状搭接，并加强对搭接处的压实。

（3）垫层要分层铺设，分层夯实或压实，每层铺设厚度要根据压实方法而定，可采用平振法、夯实法、碾压法等。夯实、碾压遍数、振实时间可在现场通过试验确定。

（4）人工级配的砂石，施工时要先将砂石拌和均匀，再铺垫夯实或压实。

5. 质量检查

（1）沙砾、碎石垫层采用挖坑灌砂法或灌水法检测其干密度，应满足设计要求。

（2）砂和砂砾石垫层现场简易测定采用钢筋贯入测定法。测定时先将垫层表面刮除3cm左右，然后将直径20mm、长1250mm的平头钢筋，举离砂700mm后自由落下，插入深度不大于根据该砂的控制干密度测定的合格标准，检验点间距4m。

二、强夯法

1. 适用范围

本工艺标准适用于碎石土、砂土、低饱和度粉土、黏性土、湿陷性黄土、高回填土、杂填土等地基加固工程；也可用于粉土及粉砂液化的地基加固工程。但不得用于不允许对工程周围建筑物和设备有一定振动影响的地基加固工程，必须用时，应采取防震、隔震措施。

2. 施工准备

（1）主要机具设备：

1）夯锤。锤重10~40t，形状多为圆柱体，外壳用18~20mm钢板制作，内焊直径16~20mm，间距200~300mm的三向钢筋网片，并设直径60mm吊环，对中焊接在底板上，夯锤中设置4~6个φ250~300mm排气孔。内部浇筑C25以上混凝土，锤底面积4~6m^2。亦可用钢锤。

2）起重机械。宜选用15t以上带有自动脱钩装置的履带式起重机或其他专用的起重设备。采用履带式起重机时，可在臂杆端部设置辅助门架或采取其他安全措施，防止落锤时机架倾覆。当起重机吨位不够时，亦可采取加钢支架的办法，起重能力应大于夯锤重力的1.5倍。

3）自动脱钩器。要求有足够强度，起吊时不产生滑钩;脱钩灵活，能保持夯锤平稳下落，同时挂钩方便、快捷。

4）推土机。用作平场、整平夯坑和做地锚。

5）检测设备。有标准贯入重型触探或轻便触探、静力承载力等设备以及土工常规试验仪器。

（2）作业条件：

1）应有工程地质勘探报告、强夯场地平面图及设计对强夯的夯击能、压实度、加固深度、承载力要求等技术资料。

2）强夯范围内的所有地上、地下障碍物及各种地下管线已经被拆除或拆迁，对不能拆除的已采取防护措施。

3）场地整平并修筑了机械设备进出道路，表面松散土层已经碾压。雨期施工周边已挖好排水沟。防止场地表面积水。

4）已选定试夯区做强夯试验，通过原位试夯和测试，确定强夯施工的各项技术参数，制订强夯施工方案。

5）当作业区地下水位较高或表层为饱和黏性土层不利于强夯时，应先在表面铺0.5~2.0m 厚的砂砾石或块石垫层，以防设备下陷和便于消散孔隙水压，或采取降低地下水位措施后强夯。

6）当强夯所产生的震动对周围邻近建（构）筑物有影响时，应在靠建（构）筑物一侧挖减振沟或采取适当加固防震措施，并设观测点。

7）测量放线，按设计图坐标定出强夯场地边线，钉木桩撒白灰标出夯点位置，并在不受强夯影响的场地外缘设置若干个水准基点。

3.施工操作工艺

（1）强夯前应通过试夯确定施工技术参数，试夯区平面尺寸不宜小于 20m×20m。在试夯区夯击前，应选点进行原位测试，并取原状土样，测定有关土性数据，留待试夯后，仍在此处进行测试并取土样进行对比分析，如符合设计要求，即可按试夯时的有关技术参数确定正式强夯的技术参数。否则，应对有关技术参数适当调整或补夯确定。强夯施工技术参数选择见表 2-2。

表 2-2　强夯施工技术参数的选择

项次	项目	施工技术参数
1	锤重和落距	锤重 C 与落距 h 是影响夯击能和加固深度的重要因素，锤重一般不宜小于 8t，常用的为 10t、15t、20t。落距一般不小于 10m，多采用 10m、13m、15m、18m、20m、25m 几种
2	夯击能	锤重 C 与落距 h 的乘积称为夯击能 E，一般取 600~3000kN，一般对沙质土取 1000~1500kN/m²，对黏性土取 1500~300kN/m²。夯击能过小，加固效果差；夯击能过大，对于饱和黏土会破坏土体，形成橡皮土（需另行采取措施处理）（降低强度）
3	夯击点布置及间距	夯击点布置对于大面积地基，一般采用梅花形或方形网格排列；对于条形基础，夯点可成行布置；对于工业厂房独立柱基础，可按柱网设置单点夯击，夯点间距取夯锤直径的 3 倍，一般为 5~9m，一般第一遍夯点的间距宜大，以便夯击能向深部传递
4	夯击遍数与击数	一般为 2~3 遍，前两遍为"点夯"，最后一遍以低能量（为前几遍能量的 1/3~1/2 或按设计要求）进行"满夯"（即锤印彼此搭接），以加固前几遍夯点间隙之间的黏土和被振松的表土层。每夯击点的夯击数以使土体竖向压缩量最大而侧向移动最小，最后两击沉降量之差小于规范要求或试夯确定的数值为准，一般软土控制瞬时沉降量为 5cm，废渣填石地基控制的最后两击下沉量之差 ≤5cm。每夯击点之夯击数一般为 6~9 击，点夯击数宜多些，多遍点夯击数逐渐减小，满夯只夯 1~2 击

5	两遍之间的间隔时间	通常待土层内超孔隙水压力大部分消散，地基稳定后再夯下一遍，一般时间间隔1~2周。对黏土或冲积土常为3周，若无地下水或地下水位在5m以下，含水量较少的碎石类填土或透水性强的砂性土，可采取间隔1~2周，或采用连续夯击而不需要间歇
6	强夯加固范围	对于重要工程应比设计地基长（L）、宽（B）各大出一定加固宽度，有设计要求的则按设计，对于一般建筑物，则加宽3~5m
7	加固影响深度	加固影响深度H（m）与强夯工艺有密切关系，一般按修正的梅那氏（法）公式估算： $$H = K\sqrt{hC}$$ 式中，C——夯锤重力，kN；h——落距（锤底至起夯面距离），m；K——折减系数，一般黏性土取0.5，砂性土取0.7

（2）强夯应分段进行，顺序从边缘夯向中央。对厂房柱基亦可一排一排夯，起重机直线行驶，从一边向另一边进行，每夯完一遍，用推土机平整场地，放线定位，即可接着进行下一遍夯击。强夯法的加固顺序是：先深后浅，即先加固深层土，再加固中层土，最后加固表层土。两遍点夯完成后，再以低能量满夯一遍，有条件的以采用小夯锤夯击为佳，夯击顺序见表2-3。

表2-3　强夯顺序

16	13	10	7	4	1
17	14	11	8	5	2
18	15	12	9	6	3
18'	18'	12'	9'	6'	3'
17'	14'	11'	8'	5'	2'
16'	13'	10'	7'	4'	1'

（3）夯击时应按试夯和设计确定的强夯参数进行，落锤应保持平稳，夯点位应准确，夯击坑内积水应及时排除。若错位或坑底倾斜过大，宜用砂土将坑底垫平；坑底含水量过大时，可铺砂石后再进行夯击。在每一遍夯击之后，要用新土或用周围的土将夯击坑填平，再进行下一遍夯击。强夯后，基坑应及时平整，场地四周挖排水沟。为防止坑内积水，最好浇筑混凝土垫层封闭。

（4）夯击过程中，每点夯击均要用水平仪进行测量，保证最后两击沉量差满足规范要求。夯击一遍完成后，应测量场地平均下沉量，并做好现场施工记录。

（5）雨季施工时，应及时排除夯坑内或夯击过的场地内积水，并晾晒3~4d。夯坑回填土时，宜用推土机稍加压实，并稍高于附近地面，防止坑内填土吸水过多，夯击出现橡皮土现象。若出现橡皮土可采用置换土体或加片石。

（6）冬期施工，如地面有积雪，必须清除。如有冻土层，应先将冻土层击碎，并适当增加夯击数。

（7）强夯结束，待孔隙水压力消散后，1~2周时间后进行检测，检测点数一般不少于3处。

4.质量标准

验收批划分原则：竣工后的结果（地基压实度或承载力）必须达到设计要求的标准。压实度检验数量：每单位工程不应少于6点，1000m²以上工程至少应有6点，以后每增加1000m²则增加1点。承载力一般一个工程只做1~2组，或按设计要求。每一独立基础下至少应有1点压实度或触探，基槽每20延米应有1点。

（1）施工前应检查夯锤重量、尺寸，落距控制手段，排水设施及被夯地基的土质。

（2）施工中应派专人检查落距、夯点位置、夯击击数、每击的夯沉量、夯击范围。

（3）施工结束后，检查被夯地基的压实度并进行承载力检验。

（4）强夯地基质量检验标准应符合《建筑地基基础工程施工质量验收标准规范GB50202-2018》表2-4要求。

表2-4 强夯地基质量检验标准

项	序	检查项目	允许值或允许偏差		检查方法
			单位	数值	
主控项目	1	地基承载力	不小于设计值		静载试验
	2	处理后地基土的强度	不小于设计值		原位测试
	3	变形指标	设计值		原位测试
一般项目	1	夯锤落距	mm	±300	钢索设标志
	2	夯锤质量	kg	±100	称重
	3	夯击遍数	不小于设计值		计数法
	4	夯击顺序	设计要求		检查施工记录
	5	夯击击数	不小于设计值		计数法
	6	夯点位置	mm	±500	用钢尺量
	7	夯击范围（超出基础范围距离）	设计要求		用钢尺量
	8	前后两遍间歇时间	设计值		检查施工记录
	9	最后两击平均夯沉量	设计值		水准测量
	10	最后两击平均夯沉量	mm	±100	水准测量

三、插塑板排水固结法

1.加固原理

在软弱土层中插入塑料排水板，使土层中形成垂直水流通道，加速软弱堤基在外压荷载作用下的排水固结。

2.适用范围

适用于透水性低的软弱黏性土，对于泥炭土等有机沉积物不适用。

3.施工材料

目前，国内外塑料排水板多采用聚丙烯、聚乙烯、聚氯乙烯等高分子材料制成，排水板结构主要有槽形槽塑料板、梯形槽塑料板、三角形槽塑料板、硬透水膜塑料板、无纺布螺旋孔排水板、无纺布柔性排水板等。在施工选用塑料板时，要选用滤膜透水性好、排水沟槽输水畅通、强度高、耐久性好、质量轻、耐酸、耐碱、耐腐蚀的塑料板，其各项技术指标均要满足设计和规范要求。

4. 施工机械

塑料排水板的施工机械主要有履带式插板机和液压轨道行走式板桩机，其打设装置分锤击和振动两种方式，施工时可根据具体情况进行选择。

5. 施工要点

（1）测量放样。用测量仪器测出堤轴线的中心位置，堤身内外坡脚用控制桩进行标识，施工时使用的轴线控制桩及水平控制桩都要划出施工机械的活动范围，做好标识并进行保护。

（2）堤基表层清理。施工前必须挖除堤基表层的树木、树桩、树根、杂草、垃圾、废渣及其他杂土。

（3）中粗砂垫层铺填。选用质地坚硬、含泥量不大于5%的中粗砂进行垫层铺填，铺填厚度一般为20~60cm，摊铺厚度要均匀并适量洒水（砂料含水率在8%~12%之间为宜），然后可用小型压路机进行压实。

（4）板位放样。按照设计图纸用测量仪器对板位进行放样，可采用按段方格网平差的方式定出板位并做好标记，板位误差控制在3cm以内，填写放样记录。

（5）塑料排水板打设。先进行插板机的调试和定位，检查插板机的水平度是否合格，然后将塑料排水板通过井架上的滑轮插入套管内，用滚轴夹住塑料排水板随前端套着板靴一起压入土中，导杆达到预定深度后，输送滚轴反转松开排水板上套管，塑料排水板便留在土中；打入地基的排水板必须为整板，长度不足的严禁接长使用；打设后，地面的外露长度不得小于30cm；检查并记录每根板桩的施工情况，符合验收标准时再移机打设下一根排水板，否则必须在临近板位处进行补打。

6. 施工观测

在塑料排水板施工时要设置沉降标，定期观测施工期间的沉降量，监测基土动态，一旦发现异常，要及时采取对策。

四、砂井排水固结法

1. 适用范围

适用于透水度低的软弱黏性土，对于泥炭土等有机沉积物不适用。

2. 施工材料和设备

施工所需砂料选用中、粗砂，粒径以0.3~3.0mm为宜，且含泥量不得超过5%。不同的砂井成孔方法所需的施工设备亦有所不同，砂井成孔方法主要有套管法、水冲法、钻孔法。套管法使用的设备有锤击沉管机和振动沉管机；水冲法施工所需设备较为简单，主要是通过高压水管和专用喷头射出高压水冲击成孔；钻孔法是采用钻机钻孔，提钻后在孔内灌砂成形。

3.施工要点

（1）垫层铺设。砂垫层的作用是将砂井连成一片，形成排水通道，同时作为应力扩散层，便于施工设备行走。施工时要选用质地坚硬、含泥量不大于5%的中粗砂。砂垫层厚度为0.3~0.5m，推土机或人工摊铺，适量洒水（砂料含水率控制在8%~12%之间），用压路机或平板振动器压实。

（2）测量放样。对施工区域进行测量放样，按设计图纸定出每个砂井的位置并做好标记，填写放样记录。

（3）砂井成孔。砂井施工一般先在地基中成孔，再在孔内灌砂形成砂井。表2-5为砂井成孔和灌砂方法。选用时应尽量选用对周围土扰动小且施工效率高的方法。

表2-5　砂井成孔和灌砂方法

类型	成孔方法		灌砂方法	
使用套管	管端封闭	冲击打入	用压缩空气	静力提拔套管
		振动打入	用饱和砂	振动提拔套管
		静力打入		静力提拔套管
	管端敞开		浸水自然下沉	静力提拔套管
不使用套管	旋转射水、冲击射水		用饱和砂	

砂井成孔的典型方法有套管法、射水法、螺旋钻成孔法和爆破法。

1）套管法。该法是将套管沉到预定深度，在管内灌砂，然后拔出套管形成砂井。根据沉管工艺的不同，又分为静压沉管法、锤击沉管法、锤击静压联合沉管法和振动沉管法等。

采用静压、锤击及其联合沉管法提管时宜将管内砂柱带起来，造成砂井缩颈或断开，影响排水效果，辅以气压法虽有一定效果，但工艺复杂。

采用振动沉管法是以振动锤为动力，将套管沉到预定深度，灌砂后振动，提管形成砂井。该法能保证砂井连续，但其振动作用对土的扰动较大。此外，沉管法的缺点是由于击土效应产生一定的涂抹作用，影响孔隙水排出。

2）水冲成孔法。该法是通过专用喷头，依靠高压下的水射流成孔，成孔后经清孔、灌砂形成砂井。

射水成孔工艺，对土质较好且均匀的黏性土地基是较适用的，但对土质很软的淤泥，因成孔和灌砂过程中容易缩孔，很难保证砂井的直径和连续性，对夹有粉砂薄层的软土地基，若压力控制不严，宜在冲水成孔时出现串孔，对地基扰动较大。

射水成孔的设备比较简单，对土的扰动较小，但在泥浆排放、塌孔、缩颈、串孔、灌砂等方面都存在一定的问题。

3）螺旋钻成孔法。该法以螺旋钻具干钻成孔，然后在孔内灌砂形成砂井。此法适用于陆上工程，砂井深度在 10m 以内，土质较好，不会出现缩颈和塌孔现象的软弱地基。该法所用设备简单而机动，成孔比较规整，但灌砂质量较难掌握，对很软弱的地基也不适用。

4）爆破成孔法。此法是先用直径 73mm 的螺纹钻钻成一个砂井所要求设计深度的孔，在孔中放置由传爆线和炸药组成的条药包，爆破后将孔扩大，然后往孔内灌砂形成砂井。这种方法施工简易，不需要复杂的机具，适用于深为 6~7m 的浅砂井。

制作砂井的砂宜用中砂，砂的粒径必须能保证砂井具有良好的渗水性。砂井粒度要不被黏土颗粒堵塞。砂应是洁净的，不应有草根等杂物，其含泥量不应超过 3%。

对所用的砂需做粒径分析。粒径级配曲线与反滤层所要求的砂料应基本相同。为了最大限度地发挥砂井的排水过滤作用，实际灌砂量按质量控制要求，不得小于计算值的 95%。

为了避免砂井断颈或缩颈，可用灌砂的密实度来控制灌砂量。灌砂时可适当灌水，以利密实。

砂井位置的允许偏差为该井的直径，垂直度的允许偏差为 1.5%。

（4）压载施工。砂井施工完成后，为加快堤基的排水固结，要在堤基上分级进行压载，加载时要注意加强现场监测，防止出现滑动破坏等失稳事故。

五、振冲法

1. 适用范围

振冲法主要适用于砂性土地基，从粉细砂到含砾粗砂，粒径小于 0.005mm，黏粒含量小于 10% 的地基，都可得到显著的加固效果；对黏粒含量大于 30% 的地基，则加固效果明显降低。在堤防除险加固工程中，振冲法尤其适用于砂性土地基的滑坡除险加固处理。也可用于新建或已建堤防、涵闸地基处理，提高地基承载力与抗滑稳定及抗震防液化能力。

2. 施工

（1）施工工序。振冲法处理地基施工设备简单，比预制桩、灌注桩施工费用低，而且还节约三材。振冲法施工可分为设计有要求和需要经现场试验确定施工参数两种情况。前者可按设计要求选用机具进行施工；后者则应按施工程序图组织实施。

（2）施工现场的准备工作：

1）水通。要保证现场机组用水，把施工中产生的泥水开沟引走，将泥浆引入沉淀池，再把沉下的浓泥浆挖运到预先安排的地点。

2）电通。电源容量必须满足所有机组的用量，三相电源 380±20V，单相电源主要考虑夜间施工用电。

3）料通。堆料场至各机组的距离应最短，防止运料线路与施工作业线路互相干扰。

应做到堆料符合设计要求，备足施工周转储料。

4）场平。场地应平整，并满足施工机械的要求，清除地下障碍物，防止阻碍振冲器的工作。

5）施工现场布置。对场地中的供水管路、电路、运输道路、排泥浆水沟、料场、沉淀池、清水池、照明设施等应事先妥善布置，特别是多机组同时作业，更应注意统筹安排，以免相互影响，降低效率。

（3）施工设备。振冲法施工机具主要是振冲器，它具有振动挤实所需最佳振动频率和射水成孔，冲水护壁使土体和填料处于饱和状态的供水功能等。

为振冲器配套施工的其他机械有：

1）吊机。要求有效起重高度大于加固深度 2~3m，起吊能力需大于 100~200kN。

2）水泵。规格流量 20~30m^2/hr，出水口压力 400~600kPa。

3）运料设备。可采用装载机或皮带机、人力小车。

4）泥浆泵。泥浆泵为 70WL，流量应与清水泵匹配；水管、配电箱等。

（4）制桩顺序。振冲器造孔的顺序与下列因素有关：1）如果使复合地基边缘效果好一些，可先打围护桩，再依次打工程桩；2）如果考虑施工时对邻近建筑物的影响，可先打靠近建筑物的一排，再依次向中心造孔；3）如果在抗剪强度低的软弱黏土中施工，可考虑跳打法；4）如果考虑要挤走一部分软土，可用一边推向另一边的打法。无论施工顺序如何，都应考虑尽量减少机械移动和挖排泥浆沟，特别要注意每制一根桩的全过程中，严禁关停振冲器和关闭高压水。

（5）振冲器造孔制桩步骤。

1）定位起动。将振冲器对准桩位，先开水，后开电，检查水压、电压及振冲器的空载电流是否正常。

2）造孔。使振冲器以 1~2m/min 的速度在土层中徐徐下沉，当负荷接近或超过电机的额定电流值时，必须减速下沉，或向上提升一定距离，使振冲器悬留 5~10s 扩孔等高压水冲松土层，孔内泥浆溢出时再继续下沉。如造孔困难，可加大水压到 1300kPa 左右。开孔后应做好造孔深度、时间、电流值等方面记录。电流值的变化反映了上层的强度变化。振冲器距桩底标高 30~50cm 时，应减小水压到 400kPa，并上提振冲器。

3）清孔护壁。当振冲器距桩底标高 30~50cm 时应留振 10s，水压在 300~500kPa，然后以 5~6m/min 的速度均匀上提振冲器至孔口，然后反插到原始振冲器位置，这样反复 2~3 次，使泥浆变稀准备填料。

4）填料制桩。加填料制桩分两种：一种是振冲器不提出孔口面，在孔口加料的方式叫连续加料法；另一种是把振冲器提出孔口下料，叫间断下料法。间断下料法施工速度较快，但若控制不好易产生漏振，即使是采用大功率振动器每次加料高度也不能超过 6m。连续下料法制的桩体密实均匀。

填料制桩工艺：振冲器上提→加料→反插→留振→上提至孔口。

如果第一次填料反插到原位。而密实电流和留振时间达不到规定值，则上提振冲器1m，加料1m，再反插振冲器。如果再达不到规定的密实电流和留振时间，则重复上述操作步骤，直至达到规定的密实电流和留振时间。自上而下每个深度都要达到规定的密实电流和留振时间。

要注意的是：①每倒一次填料进行振密时都要做好记录，记录下振密深度、填料数、留振时间和电流量。②实际施工中提振冲器次数不宜过多，否则填料时再下振冲器困难，且易出现断桩漏振现象。③如果不是试验规定的振冲器参数，选择参数尤为重要。振冲器选定后，电机额定电流也就确定了，振冲器振动力大，电机后备功率则小，易造成实际电流过大超过额定电流，而损坏电机。振动力过小则遇到硬层不易穿透，而且影响加固范围，达不到加固目的。因此，振冲器振动力的参数一定要调合适。

5）制桩成型，移位。先关闭振冲器电源，后关振冲器高压水，移位准备下一桩的施工。

3. 质量标准与控制

除按《建筑地基基础工程施工质量验收规范》（GB50202-2018）执行外，以每半桩体充分振密为原则。严格控制好使振冲器工作电流接近电机额定电流；每半桩体填料量应达到设计要求。主要是水、电、料的控制。

振冲施工的孔位允许偏差：（1）出口中心与桩位偏差不得大于50mm；（2）成孔中心与设计定位中心偏差不得大于100mm；（3）制桩中心与定位偏差不得大于0.2d（桩径）。

第三节　透水堤基施工

堤防的基础常为透水地基，而这种透水地基多未进行过专门的技术处理，在汛期常发生管涌、渗漏等，这也是堤防渗透失稳的一个重要原因。透水堤基处理的目的，主要是减少堤基渗透性，保持渗透稳定，防止堤基产生管涌或流土破坏，以确保堤防工程安全。

一、截水槽

1. 适用范围

截水槽适用于浅层透水堤基的截渗处理。

2. 施工要点

（1）基坑排水。截水槽的排水水源包括地面径流、施工废水和地下水。前两者可用布置在截水槽两侧的表面排水沟排除。地下水的降低和排除，一般采用明沟排水法和井点降水法。

（2）截水槽开挖。可用挖土机挖土、自卸汽车出渣的机械化施工，也可用人工施工，人工开挖截水槽的断面一般为阶梯形。

（3）截水槽基岩的处理。对于强风化岩层，可直接采取机械挖掘、快速铺土、迅速夯实封堵；对裂隙发育、单位吸水率大的基岩采用钻孔灌浆处理；截水槽两侧砂砾料与回填土料接触面设置反滤层。

（4）土料回填。基岩经渗水等处理并验收合格后，即可进行土料回填，回填从低洼处开始，截水槽填筑面保持平起施工，同时结合排水，使填筑工作面高于地下水位1~1.5m。

二、防渗铺盖

相对不透水层埋藏较深，透水层较厚且临水侧有稳定滩地的堤防，宜采用防渗铺盖防渗。

防渗铺盖布设于堤前一定范围内，对于增加渗径，减少渗漏效果较好。根据铺盖使用的材料，可分为黏土铺盖、混凝土铺盖、土工膜铺盖等，并在表面设置保护层及排气排水系统。

三、截渗墙

截渗墙可采用槽型孔、高压喷射等方法施工，有如下步骤：开槽形孔灌注混凝土、水泥黏土浆等；开槽孔插埋土工膜；高压喷射水泥浆等形成截渗墙。

第四节　多层堤基施工

一、施工方法

双层或多层堤基的处理措施除上述方法外，还有减压沟、减压井和盖重等。

1. 多层堤基如无渗流稳定安全问题，施工时仅需将经清基的表层土夯实后即可填筑堤身。

2. 表层弱、透水层较厚的堤基，可采用堤背侧加盖重进行处理，先用符合反滤要求的砂、砾等在堤背侧平铺盖住表层再用块石压盖。

3. 对于多层结构地基，其上层土层为弱透水地基，下层为强透水层，当发生大面积管涌流土或渗水时，可以采用减压井（沟）作为排水设备。

（1）减压井布置：平行于堤脚，垂直于渗流方向。

（2）减压井组成：井管（包括滤层）、排水沟、测压管及井盖等。

（3）技术指标：井管直径0.1~0.3m，井距15~50m，进水滤管进入透水层50%~100%，井管材料可以是混凝土、砾石混凝土、多孔石棉水泥、钢管及塑料管等，排水减压井的构造与一般管井相同。

（4）减压井的施工。一般在枯水季节施工，排水减压井钻井时一般用清水钻进，钻完井后再用清水洗井；当地质条件不好，清水固壁钻井困难时，也可采用泥浆固壁钻进，但成井后必须严格洗井，用清水将井壁冲洗干净，按设计要求安装井管。

二、灌浆工程

灌浆是通过钻孔（或预埋管），将具有流动性和胶凝性的浆液，按一定配比要求，压入地层或建筑物的缝隙中胶结硬化成整体，达到防渗、固结、增强的工程目的。

灌浆按其作用可分为帷幕灌浆、固结灌浆、回填灌浆、接触灌浆、接缝灌浆、补强灌浆和裂缝灌浆等；按灌浆材料可分为水泥灌浆、黏土灌浆、沥青灌浆及化学材料灌浆等。

（一）灌浆材料与灌注浆液

灌浆工程中所用的浆液是由主剂（原材料）、溶剂（水或其他溶剂）及各种外加剂混合而成。通常所说的灌浆材料，是指浆液中所用的主剂。根据制成的浆液状态的不同，灌浆材料可分为两类：一类是粒状灌浆材料，所制浆液的固体颗粒基本上处于分散的悬浮状态，为悬浊液；另一类是化学灌浆材料，所制成的浆液是真溶液。

1. 灌浆材料

灌浆材料应根据灌浆的目的和地质条件合理选择。作为灌浆用的材料，应具有以下特性。

颗粒细。颗粒应具有一定的细度，以便能进入岩层的裂隙、孔洞、缝隙。

稳定性好。所制成的浆液，其颗粒在一定的时间条件下，在浆液中能保持均匀分散的悬浮状态，并具有稳定性好、流动性强的性能。

胶结性强。用固体材料制成的浆液，灌入岩层的裂隙和孔洞、缝隙，经过一定时间，逐渐胶结而成为坚硬的结石体，起到充填和固结的作用。

结石强度高和良好的耐久性。浆液胶结而成的结石体，具有一定的强度、黏结力和抵抗地下水侵蚀的能力，保证灌浆效果和耐久性。

结石体的渗透性小。

（1）水泥

灌浆工程所采用的水泥品种，应根据灌浆目的和环境水的侵蚀作用等确定。一般情况下，应采用普通硅酸盐水泥或硅酸盐大坝水泥。当有耐酸或其他要求时，可用抗酸水泥或其他特种水泥。使用矿渣硅酸盐水泥或火山灰质硅酸盐水泥灌浆时，应得到许可。回填灌浆、帷幕和固结灌浆水泥强度等级不应低于 32.5MPa，坝体接缝灌浆不应低于 42.5MPa。

帷幕灌浆和坝体接缝灌浆，对水泥细度的要求为通过 $80\mu m$ 方孔筛的筛余量不宜大于 5%；当坝体接缝张开度小于 0.5mm 时，对水泥细度的要求为通过 $71\mu m$ 方孔筛的筛余量不宜大于 2%。

灌浆用水泥必须符合质量标准，不得使用受潮结块的水泥。采用细水泥时，应严格防潮和缩短存放时间。

（2）黏土和膨润土

1）黏土

黏土具有亲水性、分散性、稳定性、可塑性和黏着性等特点。

2）膨润土

在水泥浆中加入少量的膨润土，一般为水泥重量的 2%~3%，起稳定剂作用，可提高浆液的稳定性、触变性，降低析水性。其黏粒含量在 40% 以上，液限多为 100 或更大些，塑性指数为 30~50。

（3）其他材料

用以灌注大裂隙和溶洞时，经常用水泥砂浆或水泥黏土砂浆。根据灌浆需要，可在水泥浆液中加入下列外加剂。

1）速凝剂：水玻璃、氯化钙、三乙醇胺等。

2）减水剂：萘系高效减水剂、木质素磺酸盐类减水剂等。

3）稳定剂：膨润土及其他高塑性黏土等。

4）其他外加剂。

所有外加剂凡能溶于水的应以水溶液状态加入。各类浆液掺入掺合料和加入外加剂的种类及掺加量应通过室内浆材试验和现场灌浆试验确定。

2. 灌注浆液

（1）水泥浆

1）水泥浆的配制。

①将水泥和水按规定比例直接拌和，配制成需要的浆液。

②将一定浓度的原浆，加入一定量的水泥或水，配制成需要的浆液。

使用普通搅拌机时，纯水泥浆液的搅拌时间，应不少于 3min；使用高速搅拌机时，宜不少于 30s。浆液在使用前应过筛，自制备至用完的时间宜少于 4h。

2）水泥浆配合比。水泥浆的配比一般为水：水泥 =10：1~10：0.5。

3）水泥浆的特点。水泥浆具有结石强度较高，黏结强度高，易于配制等特点。

（2）黏土浆

1）黏土浆的配制。黏土浆有两种配制方法：将一定量的黏土和一定量的水直接混合，经搅拌而形成所需配比的浆液；将黏土制成一定浓度的黏土原浆，再取一定量的原浆加入一定量的水制成所需配比的浆液。

一般情况下原浆的配制按以下程序进行：

①浸泡崩解。将黏土在水池中用水浸泡，使其崩解泥化。

②拌制黏土原浆。将没泡好的黏土放入泥浆搅拌机中，加适量的水，制成一定浓度的黏土原浆。

2）黏土浆的特点。黏土浆具有细度高、分散性强、稳定性好、需就地取材等特点，其结石强度低，抗渗压和抗冲刷性能弱。

（3）水泥黏土浆：

由于水泥、黏土各有其优缺点，将其混合在很大程度上可互补，成为良好的灌注浆液。水泥与黏土的比例一般为1：4~1：1，水与干料的比例一般为1：1~3：1，由于材料品种、性能及作用不同，正确的配比应通过试验确定。

（4）水泥砂浆及水泥黏土砂浆

1）水泥砂浆。在有宽大裂隙、溶洞、地下水流速大、灌浆量大的岩层中灌浆时，采用水泥砂浆灌注。水泥砂浆具有浆液流动性较小，不易流失，结石强度高，黏结力强，耐久性和抗渗性好等优点。水泥砂浆中，水与水泥的比值宜等于或小于1：1，否则砂易沉淀。为防止和减少其沉淀，宜加入少量膨润土、塑化剂、粉煤灰等。

2）水泥黏土砂浆。水泥黏土砂浆中水泥起固结强度作用，黏土起促进浆液稳定的作用，砂起填充裂隙空洞的作用。拌制水泥黏土砂浆时，宜先制成水泥黏土浆而后加入砂。

（5）水泥水玻璃浆

水泥浆中加入水玻璃，有两种作用：一是将水玻璃作为速凝剂，促使浆液凝结；二是作为浆液的组成成分。水玻璃与水泥浆中的氢氧化钙起作用，生成具有一定强度的凝胶体——水化硅酸钙。水泥浆凝结时间随水玻璃加入量的增加而逐渐缩短，当超过一定比值后，凝结时间随水玻璃加入量的增加而逐渐延长。

（二）灌浆设备

1. 制浆与储浆设备

灌浆制浆与储浆设备包括两部分：一是浆液搅拌机，为拌制浆液用的机械，其转速较高，能充分分离水泥颗粒，以提高水泥浆液的稳定性；二是储浆搅拌桶，储存已拌制好的水泥浆，供给灌浆机抽取而进行灌浆用的设备，转速可较低，仅要求其能连续不断地搅拌，维持水泥浆不发生沉积。

水泥灌浆常用的搅拌机主要有下列几种形式：

（1）旋流式搅拌机

这种搅拌机主要由桶体、高速搅拌室、回浆管和回浆阀、排浆管和排浆阀以及叶轮等组成。高速搅拌室内装有叶轮，设置于桶体的一侧或两侧，由电动机直接带动。

搅拌机的工作原理：浆液由桶底出口被叶轮吸入搅拌室内，借叶轮高速（一般为1500~2000r/min）旋转产生强烈的剪切作用，将水泥充分分散，而后经回浆管返回浆桶。当浆液返回回浆桶时，以切线方向流入桶内时，在桶内产生涡流，这样往复循环，使浆液搅拌均匀。待水泥浆拌制好后，关闭回浆阀，开启排浆阀，将浆液送入储浆搅拌桶内。这种形式的搅拌机，转速高，搅拌均匀，搅拌时间短。

（2）叶浆式搅拌机

这种形式的搅拌机，结构简单。它是靠搅拌机中装着的两个或多个能回转的叶浆来搅动拌制浆液的，搅拌机的转速一般均较低。分为立式和卧式两种型式。

1）立式搅拌机。岩石基础灌浆常用的水泥浆搅拌机是立式双层叶浆型的，上层为搅拌机，下层为储浆搅拌桶，两者的容积相同（常用的容积有150L、200L、300L和500L四种），同轴搅拌，上层搅拌好的水泥浆，经过筛网将其中大颗粒及杂质滤除后，放入下层待用。

2）卧式搅拌机。最常用的是卧式搅拌机，它是由 U 形筒体和两根水平搅拌轴组成的，两根轴上装有互为90°角的搅拌叶片，并以同一速度反向转动，以增加搅拌效果。

集中制浆站的制浆能力应满足灌浆高峰期所有机组用浆需要。

2. 灌浆泵

灌浆泵性能应与浆液类型、浓度相适应，容许工作压力应大于最大灌浆压力的1.5倍，并应有足够的排浆量和稳定的工作性能。灌浆泵一般采用多缸柱塞式灌浆泵。

往复式泵是依靠活塞部件的往复运动引起工作室的容积变化，从而吸入和排出浆体。往复式泵有单作用式和双作用式两种结构型式。

（1）单作用柱塞式泵

单作用往复式泵主要由活塞、吸水阀、排水阀、吸水管、排水管、曲柄、连杆、滑块（十字头）等组成。单作用往复式泵的工作原理可以分为吸水和排水两个过程。当曲柄滑块机构运动时，活塞将在两个死点内做不等速往复运动。当活塞向右移动时，泵室内容积逐渐增大，压力逐渐降低，当压力降低至某一程度时，排水阀关闭，吸水管中的水在大气压力作用下顶开吸水阀而进入泵室。这一过程将继续进行，直到活塞运动至右端极限位置时才停止。这个过程就叫作吸水过程。当活塞向左移动时，泵室内的水受到挤压，压力增高到一定值时，将吸水阀关闭，同时顶开排水阀将水排出。活塞运动到最左端极限位置时，将所吸入的水全部排尽。这个过程就叫作排水过程。活塞往复运动一次完成一个吸水、排水过程称为单作用。

（2）双作用往复式泵

双作用往复式泵的活塞两侧都有吸排水阀。当活塞向左移动时，泵室右部的水受到挤压，压力增高，进行排水过程，而泵室右部容积增大，压力降低，进行吸水过程；当活塞向右移动时，则泵室右部排水，左部吸水。如此活塞往复运动一次完成两个吸水、排水过程称为双作用。

3. 灌浆管路及压力表

（1）灌浆管路

输浆管主要有钢管及胶皮管两种，钢管适应变形能力差，不易清理，因此一般多用胶皮管，但在高压灌浆时仍须用钢管。灌浆管路应保证浆液流动畅通，并能承受1.5倍的最大灌浆压力。

（2）灌浆塞

灌浆塞又称灌浆阻塞器或灌浆胶塞（球），用以堵塞灌浆段和上部联系必不可少的堵塞物，以免翻浆、冒浆以及不能升压而影响灌浆质量。灌浆塞的形式很多，一般应由富有弹性、耐磨性能较好的橡皮制成，应具有良好的膨胀性和耐压性能，在最大灌浆压力下能可靠地封闭灌浆孔段，并且易于安装和卸除。

（3）压力表

灌浆泵和灌浆孔口处均应安设压力表。使用压力宜在压力表最大标示值的 1/4~3/4 之间。压力表应经常进行检定，严禁使用不合格的和已损坏的压力表。压力表与管路之间应设有隔浆装置。

（三）灌浆施工

灌浆施工的基本过程：钻孔→洗孔→冲孔→压水试验→灌浆→封孔→质检。

1. 灌浆帷幕

（1）钻孔

帷幕灌浆孔宜采用回转式钻机和金刚石钻头或硬质合金钻头钻进，帷幕灌浆钻孔位置与设计位置的偏差不得大于 1%。因故变更孔位时，应征得设计部门同意。实际孔位应有记录，孔深应符合设计规定，帷幕灌浆孔宜选用较小的孔径，钻孔孔壁应平直完整。帷幕灌浆钻孔必须保证孔向准确。钻机安装必须平整稳固，钻孔宜埋设孔口管，钻机立轴和孔口管的方向必须与设计孔向一致；钻进应采用较长的粗径钻具并适当地控制钻进压力。帷幕灌浆孔应进行孔斜测量，发现偏斜超过要求时应及时纠正或采取补救措施。

垂直的或顶角小于 5° 的帷幕灌浆孔，其孔底的偏差值不得大于表 2-6 中的规定。

表 2-6 钻孔孔底最大允许偏差值单位：m

孔深	20	30	40	50	60
最大允许偏差	0.25	0.50	0.80	1.15	1.50

孔深大于 60m 时，孔底最大允许偏差值应根据工程实际情况并考虑帷幕的排数具体确定，一般不宜大于孔距。顶角大于 5° 的斜孔，孔底最大允许偏差值可根据实际情况按表 2-6 中的规定适当放宽，方位角偏差值不宜大于 5° 。

钻孔偏差不符规定时，应结合该部位灌浆资料和质量检查情况进行全面分析，如确认其对帷幕灌浆质量有影响时，应采取补救措施。钻灌浆孔时应对岩层、岩性以及孔内各种情况进行详细记录。钻孔遇有洞穴、塌孔或掉钻难以钻进时，可先进行灌浆处理，而后继续钻进。如发现集中漏水，应查明漏水部位、漏水量和漏水原因，经处理后，再行钻进。钻进结束等待灌浆或灌浆结束等待钻进时，孔口均应堵盖，妥加保护。

钻进施工应注意的事项：

1）按照设计要求定好孔位，孔位的偏差一般不宜大于 10cm，当遇到难于依照设计要求布置孔位的情况时，应及时与有关部门联系，如允许变更孔位时，则应依照新的通知，重新布置孔位。在钻孔原始记录中一定要注明新钻孔的孔号和位置，以便分析查用。

2）钻进时，要严格按照规定的方向钻进，并采取一切措施保证钻孔方向正确。

3）孔径力求均匀，不要忽大忽小，以免灌浆或压水时栓塞塞不严，漏水返浆，造成施工困难。

4）在各钻孔中，均要计算岩芯采取率。检查孔中，更要注意岩芯采取率，并观察岩芯裂隙中有无水泥结石，其填充和胶结的情况如何，以便逐序反映灌浆质量和效果。

5）检查孔的岩芯一般应予以保留。保留时间长短，由设计单位确定，时间一般不宜过长。灌浆孔的岩芯，一般在描述后再行处理，是否要有选择性的保留，应在灌浆技术要求文件中加以说明。

6）凡未灌完的孔，在不工作时，一定要把孔顶盖住并保护，以免掉入物件。

7）应准确、详细、清楚地填好钻孔记录。

（2）洗孔和冲洗

1）洗孔

灌浆孔（段）在灌浆前应进行钻孔冲洗，孔内沉积厚度不得超过 20cm。帷幕灌浆孔（段）在灌浆前宜采用压力水进行裂隙冲洗，直至回水清净时为止。冲洗压力可为灌浆压力的 80%，该值若大于 1MPa 时，采用 1MPa。

洗孔的目的是将残存在孔底岩粉和黏附在孔壁上的岩粉、铁砂碎屑等杂质冲出孔外，以免堵塞裂隙的通道口而影响灌浆质量。钻孔钻到预定的段深并取出岩芯后，将钻具下到孔底，用大流量水进行冲洗，直至回水变清，孔内残存杂质沉淀厚度不超过 10~20cm 时，结束洗孔。

2）冲洗

冲洗的目的是用压力水将岩石裂隙或空洞中所充填的松软、风化的泥质充填物冲出孔外，或是将充填物推移到需要灌浆处理的范围外，这样裂隙被冲洗干净后，利于浆液流进裂隙并与裂隙接触面胶结，起到防渗和固结作用。使用压力水冲洗时，在钻孔一定深度内需要放置灌浆塞。

冲洗有单孔冲洗和群孔冲洗两种方式。

①单孔冲洗。单孔冲洗仅能冲净钻孔本身和钻孔周围较小范围内裂隙中的填充物，因此，此法适用于较完整的、裂隙发育程度较轻、充填物情况不严重的岩层。

单孔冲洗有以下几种方法。

A. 高压冲洗：整个过程在大的压力下进行，以便将裂隙中的充填物向远处推移或压实，但要防止岩层抬动变形。如果渗漏量大，升不起压力，就尽量增大流量，加大流速，增强水流冲刷能力，使之能携带充填物走得远些。

B. 高压脉动冲洗：首先用高压冲洗，压力为灌浆压力的 80%~100%，连续冲洗 5~10min 后，将孔口压力迅速降到零，形成反向脉冲流，将裂隙中的碎屑带出，回水呈浑浊色。当回水变清后，升压用高压冲洗，如此一升一降，反复冲洗，直至回水洁净后，延续 10~20min 为止。

C. 扬水冲洗：将管子下到孔底、上接风管，通入压缩空气，使孔内的水和空气混合，由于混合水体的密度轻，因此将孔内的水向上喷出孔外，孔内的碎屑随之喷出孔外。

②群孔冲洗。群孔冲洗是把两个以上的孔组成一组进行冲洗，可以把组内各钻孔之间岩石裂隙中的充填物清除出孔外。

群孔冲洗主要是使用压缩空气和压力水。冲洗时，轮换地向某一个或几个孔内压入气、压力水或气水混合体，使之由另一个孔或另几个孔出水，直到各孔喷出的水是清水后停止。

3）压水试验

压水试验的目的是测定围岩吸水性、核定围岩渗透性。

帷幕灌浆采用自上而下分段灌浆法时，先导孔应自上而下分段进行压水试验，各次序灌浆孔的各灌浆段在灌浆前宜进行简易压水试验。

压水试验应在裂隙冲洗后进行。简易压水试验可在裂隙冲洗后或结合裂隙冲洗进行。

压力可为灌浆压力的80%，该值若大于1MPa，采用1MPa。压水20min，每5min测读一次压入流量，取最后的流量值作为计算流量，其成果以透水率表示。帷幕灌浆采用自下而上分段灌浆法时，先导孔仍应自上而下分段进行压水试验。各次序灌浆孔在灌浆前全孔应进行一次钻孔冲洗和裂隙冲洗。除孔底段外，各灌浆段在灌浆前可不进行裂隙冲洗和简易压水试验。

（3）灌浆的施工次序和施工方法

1）灌浆的施工次序

①灌浆施工次序划分的原则。灌浆施工次序划分的原则是逐序缩小孔距，即钻孔逐渐加密。这样浆液逐渐挤密压实，可以促进灌浆帷幕的连续性；能够逐序升高灌浆压力，有利于浆液的扩散和提高浆液结石的密实性；根据各次序孔的单位注入量和单位吸水量的分析，可起到反映灌浆情况和灌浆质量的作用，为增、减灌浆孔提供依据；减少邻孔串浆现象，有利于施工。

②帷幕孔的灌浆次序。大坝的岩石基础帷幕灌浆通常是由一排孔、二排孔、三排孔所构成，多于三排孔的比较少。

A.单排孔帷幕施工（同二排、三排、多排帷幕孔的同一排上灌浆孔的施工次序），首先钻灌第1次序孔，然后钻灌第2次序孔，最后钻灌第3次序孔。

B.由两排孔组成的帷幕，先钻灌下游排，后钻灌上游排。

C.由三排或多排孔组成的帷幕，先钻灌下游排，再钻灌上游排，最后钻灌中间排。

2）灌浆的施工方法

基岩灌浆方式有循环式和纯压式两种。帷幕灌浆应优先采用循环式，射浆管距孔底不得大于50cm；浅孔固结灌浆可采用纯压式。

灌浆孔的基岩段长小于6m时，可采用全孔一次灌浆法；大于6m时，可采用自上而下分段灌浆法、自下而上分段灌浆法、综合灌浆法或孔口封闭灌浆法。

帷幕灌浆段长度宜采用5~6m，特殊情况下可适当缩短或加长，但不得大于10m，进行帷幕灌浆时，坝体混凝土和基岩的接触段应先行单独灌浆并应待凝，接触段在岩石中的长度不得大于 2m。

单孔灌浆有以下几种方法。

①全孔一次灌浆。全孔一次灌浆是把全孔作为一段来进行灌浆。一般在孔深不超过 6m 的浅孔、地质条件良好、岩石完整、渗漏较小的情况下，无其他特殊要求，可考虑全孔一次灌浆，孔径也可以尽量减小。

②全孔分段灌浆。根据钻孔各段地钻进和灌浆的相互顺序，又分为以下几种方法。

A. 自上而下分段灌浆：就是自上而下逐段钻进，随段位安设灌浆塞，逐段灌浆的一种施工方法。这种方法适宜在岩石破碎、孔壁不稳固、孔径不均匀、竖向节理、裂隙发育、渗漏严重的情况下采用。

施工程序一般是：钻进（一段）→冲洗→简易压水试验→灌浆待凝→钻进（下一段）。

B. 自下而上分段灌浆：就是将钻孔一直钻到设计孔深，然后自下而上逐段进行灌浆。这种方法适宜岩石比较坚硬完整，裂隙不很发育，渗透性不甚大的情况。在此类岩石中进行灌浆时，采用自下而上灌浆可使工序简化，钻进、灌浆两个工序各自连续施工；无需待凝，节省时间，工效较高。

C. 综合分段灌浆法：综合自上而下与自下而上相结合的分段灌浆法。有时由于上部岩层裂隙多，又比较破碎，上部地质条件差的部位先采用自上而下分段灌浆法，其后再采用综合分段灌浆法。

D. 小孔径钻孔、孔口封闭、无栓塞、自上而下分段灌浆法：就是把灌浆塞设置在孔口，自上而下分进，逐段灌浆并不待凝的一种分段灌浆法。孔口应设置一定厚度的混凝土盖重。全部孔段均能自行复灌，工艺简单，免去了起、下塞工序和塞堵不严的麻烦，不需要待凝，节省时间，发生孔内事故可能性较小。

3）灌浆压力

①灌浆压力的确定。由于浆液的扩散能力与灌浆压力的大小密切相关，采用较高的灌浆压力，可以减少钻孔数，且有助于提高可灌性，强度和不透水性等得到改善。当孔隙被某些软弱材料充填时，较高灌浆压力能在充填物中造成劈裂灌注，提高灌浆效果。随着灌浆基础处理技术和机械设备的完善配套，6.0~10MPa 的高压灌浆在采用提高灌浆压力措施和浇筑混凝土盖板处理后，在一些大型水利工程中应用较广。但是，当灌浆压力超过地层的压重和强度而没采取相应措施时，将有可能导致地基及其上部结构的破坏。因此，一般情况下，以不使地层结构破坏或发生局部的和少量的破坏，作为确定地基允许灌浆压力的基本原则。

灌浆压力宜通过灌浆试验确定，也可通过公式计算或根据经验先行拟定，而后在灌浆施工过程中调整确定。灌浆试验时，一般将压力升到一定数值而注浆量突然增大时的这一压力作为确定灌浆压力的依据（即临界压力）。

采用循环式灌浆，压力表应安装在孔口回浆管路上；采用纯压式灌浆，压力表应安装在孔口进浆管路上。压力读数宜读压力表指针摆动的中值，当灌浆压力为 5MPa 或大于

5MPa 时，也可读峰值。压力表指针摆动范围应小于灌浆压力的 20%，摆动幅度宜做记录。灌浆应尽快达到设计压力，但注入率大时应分级升压。

②灌浆过程中灌浆压力的控制。

A. 一次升压法。灌浆开始时将压力尽快地升到规定压力，单位吸浆量不限。在规定压力下，每一级浓度浆液的累计吸浆量达到一定限度后，调换浆液配合比，逐级加浓，随着浆液浓度的逐级增加，裂隙逐渐被填充，单位吸浆量将逐渐减少，直至达到结束标准，即灌浆结束。此法适用于透水性不大、裂隙不甚发育的较坚硬、完整岩石的灌浆。

B. 分级升压法。在灌浆过程中，将压力分为几个阶段，逐级升高到规定的压力值。灌浆开始如果吸浆量大时，使用最低一级的灌浆压力，当单位吸浆量减少到一定限度（下限）时，则将压力升高一级，当单位吸浆量又减少到下限时，再升高一级压力，如此进行下去，直到现在规定压力下，灌至单位吸浆量减少到结束标准时，即可结束灌浆。在灌浆过程中，在某一级压力下，如果单位吸浆量超过一定限度（上限），则应降低一级压力进行灌浆，待单位吸浆量达到下限值时，再提高到原一级压力，继续灌浆。单位吸浆量的上限、下限，可根据岩石的透水性、在帷幕中不同部位及灌浆次序而定。一般上限定为 60~80L/min，下限为 30~40L/min。

此法仅适合在遇到基础岩石透水严重，吸浆量大的情况下采用。

（4）浆液浓度的使用与浆液配合比

1）浆液的配合比及分级

①浆液的配合比。浆液的配合比是指组成浆液的水和干料的比例。浆液中水与干料的比值越大，表示浆液越稀，反之则浆液越浓。这种浆液的浓稀程度，称之为浆液的浓度。

②浆液浓度的分级。

A. 水泥浆。帷幕灌浆浆液水灰比可采用 5∶1、3∶1、2∶1、1∶1、0.8∶1、0.6∶1、0.5∶1 等 7 个比级。开灌水灰比可采用 5∶1。灌注细水泥浆液，可采用水灰比为 2∶1、1∶1、0.6∶1 或 1∶1、0.8∶1、0.6∶1 等两组的 3 个比级。

B. 水泥黏土浆。由于材料品种、性能以及对防渗要求的不同，材料的混合比例也不同，正确的材料配比应通过试验来确定。

2）浆液浓度的使用

浆液浓度的使用有两种方式。

①由稀浆开始，逐级变浓，直至达到结束标准时，以所变至的那一级浆液浓度结束。

②由稀浆开始，逐级变浓，当单位吸浆量减少到某规定数值时，再将浆液变稀，直灌至达到结束标准时，用稀浆结束。

先灌稀浆的目的是稀浆的流动性能好，宽窄裂隙和大小空洞均能进浆，优先将细缝、小洞灌好、填实。而且将浆液变浓，使中等或较大的裂隙、空洞随后也得到良好的充填。一般情况下，如果灌浆段细小裂隙较多时，稀浆灌注的历时应长一些，就是多灌一些稀的浆液，反之，如果灌浆段宽大裂隙较多时，应较快地换成较浓的浆液，使浓浆灌注历时长一些。

3）灌浆过程中浆液浓度的变换

①当灌浆压力保持不变，注入率持续降低时，或当注入率不变而压力持续升高时，不得改变水灰比。

②当某一比级浆液的注入量已达 300L 或灌注时间已达 1h，而灌浆压力和注入率均无改变或改变不显著时，应改浓一级。

③当注入率大于 30L/min 时，可根据具体情况越级变浓。

（5）灌浆结束与封孔

1）灌浆结束的条件

帷幕灌浆采用自上而下分段灌浆法时，在规定的压力下，当注入率不大于 0.4L/min 时，继续灌注 60min；或不大于 1L/min 时，继续灌注 90min 后，灌浆可以结束。采用自下而上分段灌浆法时，继续灌注的时间可相应地减少为 30min 和 60min，灌浆可以结束。

2）回填封孔

帷幕灌浆采用自上而下分段灌浆法时，灌浆孔封孔应采用"分段压力灌浆封孔法"；采用自下而上分段灌浆时，应采用"置换和压力灌浆封孔法"或"压力灌浆封孔法"。

（6）灌浆过程中特殊情况的预防和处理

1）灌浆中断

灌浆过程中，由于某些原因，会出现迫使灌浆暂停的现象。中断的原因有：机械设备方面，灌浆泵等长时间运转发生故障；胶管性能不良、管间连接不牢，管子发生破裂或接头崩脱等；压力表失灵；裂隙发育，地表冒浆或岩石破碎，灌浆塞塞不严，孔口返浆等；停水、停电及其他人为或自然因素。

复灌后较中断前压力突然减少很多，表明裂隙根本未受到灌注，或者仅部分受到灌注或者未灌实。产生这种现象的原因是浆液中水泥颗粒的沉淀和浆液的凝固。

中断的预防：选用性能良好的灌浆泵，每段灌完后，仔细清洗、检查各部零件是否处于完好状态；选用好的输浆管，且在灌前检查其是否连接牢固、有无破损、是否畅通等；使用符合规格、准确的压力表；灌浆前用压水方法检查灌浆塞是否堵塞严密；水、电等线路应设专线，如因故必须停灌，应提前通知。

中断的处理措施：根据中断原因，及时检修、更换；如中断后无法在短时间内复灌的，应立即清洗钻孔，如中断时间较长，无法及时冲洗，孔内浆液已沉淀，复灌前应用钻具重新扫孔，用水冲洗后，再重新灌浆。

2）串浆

在灌浆过程中，浆液从其他钻孔内流出的现象，称为串浆。

由于岩石中裂隙较多，相互串联，灌浆孔相互间直接或间接地连通，造成了串浆通路。当裂隙发育，裂缝宽大，灌浆压力比较高，孔距又较小时，会促使串浆现象加重。

防止串浆的措施：加大第一次序孔间的孔距；适当增长相邻两个次序孔先后施工的间

隔时间，防止新灌入的浆液将前期已灌入到裂隙中的浆液结石体冲开；使用自上而下分段灌浆的方法，也有利于防止串浆。

发生串浆后的处理措施：串浆孔为正在钻进的钻孔时，应停钻，并在串浆孔漏浆处以上的部位安设灌浆塞，堵塞严密，在灌浆孔中按要求正常进行灌浆；串浆孔为待灌孔时，串浆孔与灌浆孔可同时进行灌浆，一台灌浆泵灌注一个孔，如无条件可按以上方法处理。

3）地表冒浆

在灌浆过程中，浆液沿裂隙或层面往上蹿流而冒出地表的现象，称为地表冒浆。

产生冒浆的原因是灌浆孔段与地表有垂直方向的连通裂隙。冒浆处理的方法主要有下列几种。

①在裂隙冒浆处用旧棉花、麻刀、棉线等物紧密地打嵌入缝隙内。必要时，在其上面再涂抹速凝水泥浆或水泥砂浆等堵塞缝隙。

②在冒浆处凿挖岩石，将漏浆集中于一处，用铁管引出，先前冒浆的地点用速凝水泥或水泥砂浆封闭，待一定时间后，将铁管堵住，从而止住冒浆。

③冒浆严重难以堵塞时，在冒浆部位浇筑混凝土盖板，然后进行灌浆。

4）绕塞返浆

在灌浆过程中，进入灌浆段内的浆液，在压力作用下，绕过橡胶塞流到上部的孔内的现象叫绕塞返浆。

产生绕塞返浆的原因有：灌浆段与橡胶塞上部孔段之间有裂隙相通，或是采用自上而下灌浆法时，裂隙没有灌好，待凝时间短，结石体强度低，被灌入的浆液冲开；安设橡胶塞处的孔壁凹凸不平，堵塞不严密；胶塞压胀度不够，塞堵不严密。

绕塞返浆的预防和处理。

①钻孔孔径力求均匀。

②灌浆塞应长一点，材质坚韧并富有弹性，直径与孔径相适应。

③采用自上而下法灌浆，上一段灌完浆后，有足够的待凝时间。

④灌浆前，用压水方法检查灌浆塞是否返水。如发生返水，将塞位移动（自下而上灌浆法可上下移动，用自上而下灌浆法只能向上移动）直至堵塞严密。

5）岩层大量漏浆

岩层大量漏浆原因是岩层渗漏严重。处理原则有以下几点。

①降低灌注压力：用低压甚至自流式灌浆，待浆液将裂隙充满、流动性降低后，再逐渐升压，直至正常灌浆。

②限制进浆量：将进浆量限为 30~40L/min，或更小一些，使用浓浆灌注，待进浆量明显减少后，将压力升高，使进浆量又达到 30~40L/min，仍用浓浆继续灌注，至进浆量又明显减少时，再次升高压力，增大进浆量，如此反复灌注，直至达到结束标准为止。

③增大浆液浓度：用浓度大的浆液，或是水泥砂浆灌浆，降低浆液的流动性，同时再适当地降低压力，限制浆液的流动范围，待单位吸浆量已降到一定程度，再灌水泥浆，并

逐渐升压灌至符合结束条件为止。

④间歇灌浆：灌浆过程中，每连续灌注一定时间，或灌入一定数量的干料后暂时停灌，待凝一定时间后再灌。这种时灌时停的灌浆就是间歇灌浆。只有在较长时间内，岩层大量吸浆并基本升不起压力的情况下，才宜采用此法。

⑤必要时，采用水泥水玻璃、水泥丙凝等特殊浆液进行灌注、堵漏。

（7）帷幕灌浆效果检查

帷幕灌浆效果检查应以检查孔压水试验成果为主，结合对竣工资料和测试成果的分析，综合评定。

1）布设检查孔检查

检查孔的数目一般按灌浆孔总数的10%左右布置，地质情况复杂的地区，一个坝段或一个单元工程内至少应布置一个检查孔，沿帷幕线20m左右的范围内设有一个。

①检查孔的选定。对于单排孔的帷幕，检查孔可设置在两灌浆孔之间，两排或多排孔的帷幕，检查孔多位于帷幕的中间部位。

检查孔多选在地质条件较坏或灌浆质量较差的地段。在地质条件或者灌浆质量较好的地段，也应适当地布一些检查孔。

灌浆孔具有以下现象的，考虑在其附近设置检查孔：①帷幕中心线上；②岩石破碎、断层、大孔隙等地质条件复杂的部位；③注入量大的孔段附近；④钻孔偏斜过大、灌浆情况不正常以及经分析资料认为对帷幕灌浆质量有影响的部位。

帷幕灌浆检查孔压水试验应在该部位灌浆结束14d后进行。帷幕灌浆检查孔应自上而下分段卡塞进行压水试验。帷幕灌浆检查孔压水试验结束后，按技术要求进行灌浆和封孔。帷幕灌浆检查孔应采取岩芯，计算获得率并加以描述。

②帷幕灌浆质量的合格标准。帷幕灌浆质量用压水试验检查，坝体混凝土与基岩接触段及其下一段的合格率应为100%；再以下的各段的合格率应在90%以上，不合格段的透水率不超过设计规定值的100%，且不集中，灌浆质量可认为合格。否则应进行处理，直至合格为止。对帷幕灌浆孔的封孔质量宜进行抽样检查。

2）测试扬压力值检查

当一个坝段或相连的几个坝段的帷幕灌浆已经完成，又钻了检查孔，并做了压水试验，认为帷幕幕体渗透性能已达到防渗要求后，即可开始在帷幕后边钻设排水孔和扬压力观测孔。

不要过早地钻设排水孔，以免帷幕的幕体经检查尚未达到防渗要求，仍需加密钻孔补灌时，可能造成排水孔堵塞现象，易影响灌浆质量，灌完后又需重新钻设排水孔，造成浪费。

2.固结灌浆

固结灌浆一般是在岩石表层钻孔，经灌浆将岩石固结。破碎、多裂隙的岩石经固结后，其弹性模量和抗压强度均有明显的提高，可以增强岩石的均质性，减少不均匀沉陷，降低岩石的透水性能。

（1）固结灌浆布置

固结灌浆的范围主要根据大坝基础的地质条件、岩石破碎情况、坝型和基础岩石应力条件而定。对于重力坝，基础岩石比较良好时，一般仅在坝基内的上游和下游应力大的地区进行固结灌浆；在坝基岩石普遍较差，而坝又较高的情况下，则多进行坝基全面的固结灌浆。此外，在裂隙多、岩石破碎和泥化夹层集中的地区要着重进行固结灌浆。有的工程甚至在坝基以外的一定范围内，也进行固结灌浆。对于拱坝，因作用于基础岩石上的荷载较大，且较集中，所以，一般多是整个坝基进行固结灌浆，特别是两岸受拱坝推力大的坝肩拱座基础，更需要加强固结灌浆工作。

1）固结灌浆孔的布设

固结灌浆孔的布设常采用的形式有方格形、梅花形和六角形，也有采用菱形或其他形式的。

由于岩石的破碎情况、节理发育程度、裂隙的状态、宽度和方向的不同，孔距也不同。大坝固结灌浆最终孔距一般在 3~6m 之间，而排距等于或略小于孔距。

2）固结灌浆孔的深度

固结灌浆孔的深度一般是根据地质条件、大坝的情况以及基础应力的分布等多种条件综合考虑而定的。

固结灌浆孔依据深度的不同，可分为 3 类。

①浅孔固结灌浆。浅孔固结灌浆是为了普遍加固表层岩石，固结灌浆面积大、范围广。孔深为 5m 左右。可采用风钻钻孔，全孔一次灌浆法灌浆。

②中深孔固结灌浆。中深孔固结灌浆是为了加固基础较深处的软弱破碎带以及基础岩石承受荷载较大的部位。

孔深 5~15m 时，可采用大型风钻或其他钻孔方法，孔径多为 50~65mm。灌浆方法可视具体地质条件采用全孔一次灌浆或分段灌浆。

③深孔固结灌浆。在基础岩石深处有破碎带或软弱夹层、裂隙密集且深，而坝又比较高，基础应力也较大的情况下，常需要进行深孔固结灌浆。孔深 15m 以上，常用钻机进行钻孔，孔径多为 75~91mm，采用分段灌浆法灌浆。

（2）钻孔冲洗及压水试验

1）钻孔冲洗

固结灌浆施工，钻孔冲洗十分重要，特别是在地质条件较差、岩石破碎、含有泥质充填物的地带，更应重视这一工作。冲洗的方法有单孔冲洗和群孔冲洗两种。固结灌浆孔应采用压力水进行裂隙冲洗，直至回水清净时为止，冲洗压力可为灌浆压力的 80%。地质条件复杂，多孔串通以及设计对裂隙冲洗有特殊要求时，冲洗方法宜通过现场灌浆试验或由设计确定。

2）压水试验

固结灌浆孔灌浆前的压水试验应在裂隙冲洗后进行，试验孔数不宜少于总孔数的 5%，选用一个压力阶段，压力值可采用该灌浆段灌浆压力的 80%（或 100%）。压水的同时，要注意观测岩石的抬动和岩面集中漏水情况，以便在灌浆时调整灌浆压力和浆液浓度。

（3）固结灌浆施工

1）固结灌浆施工时间及次序

①固结灌浆施工时间。固结灌浆工作很重要，工程量也常较大，是筑坝施工中一个必要的工序。固结灌浆施工最好是在基础岩石表面浇筑有混凝土盖板或有一定厚度的混凝土，且已达到其设计强度的 50% 后进行。

②固结灌浆施工次序。固结灌浆施工的特点是"围、挤、压"，就是先将灌浆区圈围住，再在中间插孔灌浆挤密，最后逐序压实。这样易于保证灌浆质量。固结灌浆的施工次序必须遵循逐渐加密的原则。先钻灌第 1 次序孔，再钻灌第 2 次序孔，以此类推。这样可以随着各次序孔的施工，及时地检查灌浆效果。

浅孔固结灌浆，在地质条件比较好、岩石又较为完整的情况下，灌浆施工可采用 2 个次序进行。

深孔和中深孔固结灌浆，为保证灌浆质量，以 3 个次序施工为宜。

2）固结灌浆施工方法

固结灌浆施工以一台灌浆机灌一个孔为宜。必要时可以考虑将几个吸浆量小的灌浆孔并联灌浆，严禁串联灌浆。并联灌浆的孔数不宜多于 4 个。

固结灌浆宜采用循环灌浆法。可根据孔深及岩石完整情况采用一次灌浆法或分段灌浆法。

3）灌浆压力

灌浆压力直接影响着灌浆的效果，在可能的情况下，以采用较大的压力为好。但浅孔固结灌浆受地层条件及混凝土盖板强度的限制，灌浆压力往往较低。

一般情况下，浅孔固结灌浆压力，在坝体混凝土浇筑前灌浆时，可采用 0.2~0.5MPa，浇筑 1.5~3m 厚混凝土后再行灌浆时，可采用 0.3~0.7MPa。在地质条件差或软弱岩石地区，根据具体情况还可适当降低灌浆压力。深孔固结灌浆，各孔段的灌浆压力值，可参考帷幕灌浆孔选定压力的方法来确定。

比较重要的或规模较大的基础灌浆工程，宜在施工前先进行灌浆试验，用以选定各项技术参数，其中也包括确定适宜的灌浆压力。

固结灌浆过程中，要严格控制灌浆压力。循环式灌浆法是通过调节回浆流量来控制灌浆压力的，纯压式灌浆法则是直接调节压入流量。固结灌浆过程中当吸浆量较小时，可采用"一次升压法"，尽快达到规定的灌浆压力，而在吸浆量较大时，可采用"分级升压法"，缓慢地升到规定的灌浆压力。

在调节压力时，要注意岩石的抬动，特别是基础岩石的上面已浇筑有混凝土时，更要严格控制抬动，以防止混凝土产生裂缝，破坏大坝的整体性。

为了能准确地控制抬动量，灌浆施工时，在施工区应在地面和较深部位埋设抬动测量装置。在施加大的灌浆压力或发现流量突然增大时，应注意观察，以监测岩石抬动状况。若发现岩石发生抬动并且抬动值接近规定的极限值（一般为 0.2mm）时，应立即降低灌浆压力，并应将此事的有关技术数据（如压力、吸浆量、抬动值等）及灌浆情况详细地记载在灌浆原始记录上。如果岩石表面不允许有抬动时，一旦发现岩石稍有抬动，就应立即降低灌浆压力，这也是控制灌浆压力的一个有效措施。

4）浆液配比

灌浆开始时，一般采用稀浆开始灌注，根据单位吸浆量的变化，逐渐加浓。固结灌浆液浓度的变换比帷幕灌浆可简单一些。灌浆开始后，尽快地将压力升高到规定值，灌注 500~600L，单位吸浆量减少不明显时，即可将浓度加大一级。在单位吸浆量很大，压力升不上去的情况下，也应采用限制进浆量的办法。

5）固结灌浆结束标准与封孔

在规定的压力下，当注入率不大于 0.4L/min 时，继续灌注 30min，灌浆可以结束。固结灌浆孔封孔应采用"机械压浆封孔法"或"压力灌浆封孔法"。

（4）固结灌浆效果检查

固结灌浆质量检查的方法和标准应视工程的具体情况和灌浆的目的而定。一般情况下应进行压水试验检查，要求测定弹性模量的地段，应进行岩体波速或静弹性模量测试检查。

固结灌浆压水试验检查宜在该部位灌浆结束 3~7d 后进行，检查孔的数量不宜少于灌浆孔总数的 5%。孔段合格率应在 80% 以上，不合格孔段的透水率值不超过设计规定值的 50%，且不集中，灌浆质量可认为合格。

岩体波速和静弹性模量测试，应分别在该部位灌浆结束 14d 和 28d 后进行。

3. 回填灌浆

回填灌浆主要是填充混凝土与周围岩石之间空隙，使混凝土与周围岩石之间紧密接触形成整体。回填灌浆一般仅灌注空隙和 0.5~1.0m 厚的岩石。

（1）灌浆孔布置

回填灌浆孔孔距一般为 1.5~3.0m，衬砌隧洞时，在灌浆部位预留灌浆孔或预埋灌浆管，其内径应大于 50mm，对预留的孔或灌浆管要妥善保护，管口要用管帽拧好，防止损坏丝扣和进入污物堵塞灌浆孔。当开始灌浆时，全部管帽要拧开。在灌浆过程中，灌浆管冒浆时，再用管帽将该管口堵好。

（2）灌浆施工

1）灌浆施工次序

回填灌浆施工时，一般是将隧洞按一定距离划分为若干个灌浆区。在一个灌浆区内，隧洞的两侧壁从底部开始至拱顶布成排孔，两侧同时自下排向上排对称进行灌浆，最后灌拱顶。每排孔必须按分序加密原则进行，一般分为两个次序施工，各次序灌浆的间歇时间应在 48h 以上。当隧洞轴线具有 10° 以上的纵度时，灌浆应先从低的一端开始。

2）灌浆方法

回填灌浆，一般采用孔口封闭压入式灌浆法。在衬砌混凝土与围岩之间空隙大的地方，第1次序孔可用水泥砂浆采取填压式灌浆法灌浆，第2次序孔采用纯水泥浆进行压入灌浆。空隙小的地方直接用纯水泥浆进行静压注浆。

3）灌浆配比

纯水泥浆水灰比一般为1：1、0.8：1、0.6：1、0.5：1四个比级。开始时采用1：1的浆液进行灌注，根据进浆量的情况可逐级或越级加浓。

在空隙大的地方灌注砂浆时，掺砂量不宜大于水泥重量的2倍。砂粒粒径应根据空隙的大小而定，但不宜大于2.5mm，以利于泵送。如需灌注不收缩的浆液，可在水泥浆中加入水泥重量0.3%左右的铝粉。

4）灌浆压力

回填灌浆的灌浆压力取决于岩石特性以及隧洞衬砌的结构强度。施工开始时，灌浆压力应在灌浆试验区内试验确定，以免压力过高引起衬砌的破坏。

5）灌浆结束与封孔

回填灌浆，在设计规定压力下，灌孔停止吸浆，灌浆孔停止吸浆，延续灌注5min后，即可结束。群孔灌浆时，要让相联结的孔都灌好。隧洞拱顶倒孔灌浆结束后，应先将孔口闸阀关闭后再停机，待孔口无返浆时才可拆除孔口闸阀。

灌浆结束后，清除孔内积水和污物，采用机械封孔并将表面抹平。

（3）质量检查

回填灌浆质量检查，宜在该部位回填灌浆结束7d后进行。检查孔的数量应不少于灌浆孔总数的5%。回填灌浆检查孔合格标准：在设计规定的压力下，开始10min内，孔内注入水灰比2：1的浆液不超过10min，即可认为合格。回填灌浆质量检查可采用钻孔注浆法，即向孔内注入水灰比2：1的浆液，在规定的压力下，初始10min内注入量不超过10L，即认为合格。灌浆孔灌浆和检查孔检查结束后，应使用水泥砂浆将钻孔封填密实，孔口压抹齐平。

4. 接缝灌浆

混凝土坝用纵缝分块进行浇筑，有利于坝体温度控制和浇筑块分别上升，但为了恢复大坝的整体性，必须对纵缝进行接缝灌浆，纵缝属于临时施工缝。坝体横缝是否进行灌浆，因坝型和设计要求而异。重力坝的横缝一般为永久温度（沉陷）缝，拱坝和重力拱坝的横缝，都属于临时施工缝。临时施工横缝要进行接缝灌浆。

蓄水前应完成蓄水初期最低库水位以下各灌区的接缝灌浆及验收工作。蓄水后，各灌区的接缝灌浆应在库水位低于灌区底部高程时进行。

混凝土坝接缝灌浆的施工顺序应遵守下列原则：

接缝灌浆应按高程自下而上分层进行。

拱坝横缝灌浆宜从大坝中部向两岸推进。重力坝的纵缝灌浆宜从下游向上游推进，或先灌上游第一道纵缝后，再从下游向上游顺次灌浆。当既有横缝灌浆又有纵缝灌浆时，施工顺序应按工程具体情况确定。

处于陡坡基岩上的坝段，施工顺序可另行规定。

各灌区需符合下列条件，方可进行灌浆。

灌区两侧坝块混凝土的温度必须达到设计规定值。

灌区两侧坝块混凝土龄期应多于6个月。在采取有效措施的情况下，也不得少于4个月。

除顶层外，灌区上部宜有9m厚混凝土压重，其温度应达到设计规定值。

接缝地张开度不宜小于0.5mm。

灌区应密封，管路和缝面畅通。

在混凝土坝体内应根据接缝灌浆的需要埋设一定数量的测温计和测缝计。

同一高程的纵缝（或横缝）灌区，一个灌区灌浆结束，间歇3d后，其相邻的纵缝（或横缝）灌区方可开始灌浆。若相邻的灌区已具备灌浆条件，可采用同时灌浆方式，也可采用逐区连续灌浆方式。连续灌浆应在前，灌区灌浆结束后，8h内开始后一灌区的灌浆，否则仍应间歇3d后进行灌浆。

同一坝缝，下一层灌区灌浆结束，间歇14d后，上一层灌区才可开始灌浆。若上、下层灌区均已具备灌浆条件，可采用连续灌浆方式，但上、下层灌区灌浆间隔时间不得超过4h，否则仍应间歇14d后进行。

为了方便施工、处理事故以及对灌浆质量取样检查，宜在坝体适当部位设置廊道和预留平台。

（1）灌浆系统布置

接缝灌浆系统应分区布置，每个灌区的高度以9~12m为宜，面积以200~300m为宜。灌浆系统布置原则如下。

浆液应能自下而上均匀地灌注到整个缝面。

灌浆管路和出浆设施与缝面应畅通。

灌浆管路应顺直、畅通，少设弯头。

每个灌区的灌浆系统，一般包括止浆片、排气槽、排气管、进（回）浆管、进浆支管和出浆盒。其中灌浆管路可采用埋管和拔管两种方法。

1）止浆片

常用塑料止浆带，安装时，两翼用铁丝和模板拉直固定，混凝土浇筑时，止浆片周边混凝土宜采用软管人工振捣，同时防止止浆片浇空或浇翻。

2）排气槽、管

包括排气槽、盖板和排气管，排气槽位置可设在缝面上，也可设在键槽上，排气管安装在加大的接头木块上，排气槽一般用三角或半圆木条或梯形木条埋入先浇块内，形成排气槽。接头木块置于排气槽一端，后浇块浇筑时拆除木条或木块。然后用设计规定厚度的镀锌铁板加工盖板或采用塑料定型盖板。安装时，利用先浇块预埋的铁钉固定盖板，在四周处涂塞水泥浆，以防浇筑混凝土时进浆堵塞。

3）出浆盒

用铁皮、圆锥木或塑料在先浇块内预埋，同时其周边预埋4根铁丝，后浇块浇筑时加盖板（用砂浆预制、铁皮加工或定型塑料盖板均可），并用铁丝固定，在其周边涂塞水泥浆。

4）进（回）浆管和灌浆支管

进（回）浆管多采用直径33mm钢管或硬塑料管，支管用直径25mm钢管，为防止管路堵塞，除管口每次接高后加盖外，在进（回）浆管底部50~80cm以上设一水平连通管，支管水平布置较垂直更好。

（2）灌浆系统预埋施工

1）灌浆支管预埋施工

①在先浇块的模板上升浆管的部位先贴上直径30mm的半圆木条，使之先浇块成半圆槽，预埋槽一定要光滑、铅直；圆木两边沿高程每50cm预埋圆钉。

②灌区开始层，后浇块浇筑前，拆除半圆木条，形成半圆槽，安装好进、回浆管后，把塑料软管的封头插入进浆管的三通内，插入之前，先放掉所存的空气，然后顺次把塑料软管由低到高放入半圆槽内，理直并用预埋圆钉及铅丝固定好。塑料软管埋设完毕，于混凝土浇筑前再打气加压膨胀，加压不小于0.3~0.5MPa，使软管外径从直径25mm扩大到28mm左右。混凝土浇完1d后，把气放掉，拔出塑料软管。

③灌区中间层，把塑料软管的封头插入下层直径25mm连接塑料硬管内，插入深度为10~30cm，其工序与灌区开始层相同；灌区结束层，工序与灌浆中间层基本相同，但距排气槽8.5cm时，需把半圆槽内埋设的塑料软管倾斜，使管口离缝面0.5m时拔出，并用木塞把孔口封死。

④塑料拔管与气门嘴连接要牢固，软（硬）管的接头均采用焊接。低温时，塑料拔管可在温度不大于50℃的温水中浸泡。

⑤每个浇筑层安装拔管前，对软管应进行充气检查，每加高一层，必须对已埋或形成的管孔通水检查。

2）排气槽、管安装

①先浇块分缝模板上钉水平半圆木条（直径30mm）两条（坝块两端各留100cm不钉），拆模后形成槽子。

②后浇块浇筑前在先浇块上顶留槽内安装塑料软管，充气、理直。

③后浇块收仓后，待混凝土有一定强度时，即可放气拔出塑料管，及时加塞保护孔口。

3）预埋施工中的预防堵塞

①各接头部位包括软管与进浆连接处、灌区中间层软管封头与下层塑料硬管连接处等处要焊封严密，以防浇筑时水泥浆、水泥砂浆流入管内，发生管路不畅或堵塞事故。

②各层（灌区中间层、结束层）的软管拔起后塑料硬管及孔口必须及时用木塞、棉花封堵好，防止舱面污水、水泥浆、小石等异物进入管内。

③为避免起拔困难和防止拔断，半圆槽应平顺、光滑，无凸凹陡坎。

④软管充气安装完毕至拔管前，要注意对其保护，避免人踩、机械压。浇筑过程中经常观察有无漏气现象，一旦发现，应及时处理。

⑤开仓前，必须对软管、进回浆管进行检查，检查合格后方可开仓。

整个灌区形成后，应再次对灌浆系统通水复查，发现问题，及时处理，直至合格。通水复查应做记录。任何时期灌浆系统的外露管口和拔管孔口均应堵盖严密，妥善保护。

（3）接缝灌浆施工

灌浆前必须先进行预灌压水检查，压水压力等于灌浆压力。对检查情况应做记录。经检查确认合格后应签发准灌证，否则应按检查意见进行处理。灌浆前还应对缝面充水浸泡24h。然后放净水或用风吹净缝内积水，即可开始灌浆。

灌区相互串通时，应待其均具备灌浆条件后，同时进行灌浆。

接缝灌浆的整个施工程序是：缝面冲洗、压水检查、灌浆区事故处理、灌浆、进浆结束。

灌浆过程中，必须严格控制灌浆压力和缝面增开度。灌浆压力应达到设计要求。若灌浆压力尚未达到设计要求，而缝面张开度已达到设计规定值时，则应以缝面张开度为准，控制灌浆压力。灌浆压力采用与排气槽同一高程处的排气管管口的压力。将排气管引至廊道，则廊道内排气管管口的灌浆压力值应通过换算确定。排气管堵塞，应以回浆管口相应压力控制。

在纵缝（或横缝）灌区灌浆过程中，可观测同一高程未灌浆的相邻纵缝（或横缝）灌区的变形。如需要通水平压，应按设计规定执行。

浆液水灰比变换可采用3∶1(或2∶1)、1∶1、0.6∶1(或0.5∶1)三个比级。一般情况下，开始可灌注3∶1(或2∶1)浆液，待排气管出浆后，即改用1∶1浆液灌注。

当排气管出浆浓度接近1∶1浆液浓度或当1∶1浆液灌入量约等于缝面容积时，即改用最浓比级0.6∶1(或0.5∶1)的浆液灌注，直至结束。当缝面张开度大，管路畅通，两个排气管单开出水量均大于30L/min时，开始就可灌注1∶1或0.6∶1浆液。

为尽快使浓浆充填缝面，开灌时，排气管处的阀门应全打开放浆，其他管口应间断放浆。当排气管排出最浓一级浆液时，再调节阀门控制压力，直至结束。所有管口放浆时，均应测定浆液的密度，记录弃浆量。

当排气管出浆达到或接近最浓比级浆液，排气管口压力或缝面张开度达到设计规定值，注入率不大于0.4L/min时，持续20min，灌浆即可结束。当排气管出浆不畅或被堵塞时，应在缝面张开度限值内，尽量提高进浆压力，力争达到规定的结束标准。若无效，则在顺灌结束后，应立即从两个排气管中进行倒灌。倒灌时应使用最浓比级浆液，在设计规定的压力下，缝面停止吸浆，持续10min即可结束。

灌浆结束时，应先关闭各管口阀门再停机，闭浆时间不宜少于8h。

同一高程的灌区相互串通采用同时灌浆方式时，应一区一泵进行灌浆。在灌浆过程中，必须保持各灌区的灌浆压力基本一致，并应协调各灌区浆液的变换。

同一坝缝的上、下层灌区相互串通，采用同时灌浆方式时，应先灌下层灌区，待上层灌区发现有浆串出时，再开始用另一泵进行上层灌区的灌浆。灌浆过程中，以控制上层灌区灌浆压力为主，调整下层灌区的灌浆压力。下层灌区灌浆宜待上层灌区开始灌注最浓比级浆液后结束。在灌浆的邻缝灌区宜通水平压。

有3个或3个以上的灌区相互串通时，灌浆前必须摸清情况，研究分析，制定切实可行的方案后，谨慎施工。

（4）工程质量检验

各灌区的接缝灌浆质量，应以分析灌浆资料为主，结合钻孔取芯、槽检等质检成果，并从以下几个方面，进行综合评定：灌浆时坝块混凝土的温度；灌浆管路通畅、缝面通畅以及灌区密封情况；灌浆施工情况；灌浆结束时排气管的出浆密度和压力；灌浆过程中有无中断、串浆、漏浆和管路堵塞等情况；灌浆前后接缝张开度的大小及变化；灌浆材料的性能，缝面注入水泥量；钻孔取芯、缝面槽检和压水检查成果以及孔内探缝、孔内电视等测试成果。

根据灌浆资料分析，当灌区两侧坝块混凝土的温度达到设计规定，两个排气管均排出浆且有压力，排浆密度均达 1.5g/cm³ 以上，其中有一个排气管处压力已达设计压力的50%以上，且其他方面也基本符合有关要求时，灌区灌浆质量可以认为合格。

接缝灌浆质量检查工作应在灌区灌浆结束28d后进行。

钻孔取芯、压水检查和槽检工作，应选择有代表性的灌区进行。孔检、槽检结束后应回填密实。

（四）灌浆施工安全技术

1. 施工准备

（1）根据现场情况和规程的要求制定安全措施。

（2）组织施工人员学习安全操作规程和有关安全规定。

（3）技术负责人、地质值班员向施工人员进行安全技术交底。

2. 一般要求

（1）钻机、泥浆搅拌机不准单人开机操作，每班工作必须做到分工明确，各负其责。

（2）机械运转中不得进行修理。停电时必须将开关拉下。

（3）在得到有6级以上的大风报告后，必须做好以下几项工作：1）卸下钻架苫布，检查钻架，做好加固工作；2）停止工作时，必须切断电源，盖好设备，做好各种器材的保管，精密仪器撤离工作现场；3）熄灭一切火源。

（4）在汛期工作或洪水威胁施工现场时应加强警戒，并随时掌握水文及气象资料，做好应急措施。

3. 设备安装与拆卸

（1）拆、建钻架时分工明确，要有专人指挥，上下协调，互相配合，不得各行其是。

（2）安装钻架前应严格检查架腿、滑轮、钢丝绳等是否合乎要求，不符合要求的，不准使用。现场人员要戴好安全帽，上架时不准穿容易滑跌的硬底鞋，要系好安全带，工具、螺丝等要放在工具袋中。

（3）拆、建钻架时，严禁架上、架下同时作业，钻架及所有机械设备的各部位螺丝必须上紧，铁线、绳子必须捆绑结实。

（4）若使用灌浆钻探平台需做到以下几点：①平台需在道轨上行走，必须打铆钉将道轨底下的方木固定住，道轨用道钉钉在方木上，做到平直、牢固；②平台移动时采用电动卷扬机，电动卷扬机固定在混凝土底座上，在混凝土中埋设固定螺杆与之固定在一起，选用卷扬机必须安全可靠；③在斜坡段施工时，平台的四周要有防护栏杆，用于升降副平台的链式起重机应安全可靠，钻架要设有四根绷绳，以防出现意外事故。

（5）在5级风以上、雷雨、雪雾天气时不宜进行拆卸安装工作。

（6）机械传动的皮带或链条必须有防护罩。

（7）钻架若整体移动，用人抬起钻架离地面应不超过30cm，移动前要清除移动范围内的障碍物，要做到同起同落。

4.开钻前准备工作

（1）操作人员开钻前，必须对钻场的安全设施及一切设备进行全面细致检查。要做到：1）安全设施处于完好状态；2）润滑部位应有足够的润滑油；3）各部机械螺丝不能松动；4）操作手柄灵活可靠，开关性能良好；5）液压、动力传动系统正常，线路绝缘良好。

（2）清除钻场内障碍物。

5.钻进

（1）开动钻机时应确认机器转动部位无人靠近。

（2）操作离合器要平稳，禁止离合器似离不离状态。

（3）钻机需要变速时，要先拉开离合器，切断动力可变速。

（4）机械转动时不许拆装零件，不许触摸和擦洗运转部位。

（5）钻场照明要保证光线充足，照明光度不够时不能勉强工作。

（6）对机械各部要经常检查，发现异常现象要及时采取措施处理。

（7）为了保证孔内安全，要严格执行钻探规程各条款。

6.升降钻具、栓

（1）每班应检查钢丝绳的情况，凡1m长度以内，钢丝绳折断数超过10%，不能使用。

（2）升降钻具过程中，必须遵守下列规定：1）升降钻具过程中，操作人员要精力集中注意天车、卷扬和孔口部位；2）提升最大高度，提引器距天车不得小于50cm，遇到特殊情况超出规定，要采取安全措施；3）操纵卷扬机不得猛刹猛放，升降中禁止用手去拉钢丝绳，如缠绕不规则时，可用木棒拨动；4）孔口操作人员，必须站在钻具起落范围以外，摘挂提引器要注意回绳碰打；5）放倒或拉起钻具时，提引器开口必须朝下；6）起放各种钻具，手指不得伸入管内提拉，不得用手去试探岩芯或用眼睛去看管内岩芯，应用一根足够拉力的麻绳将钻具拉开；7）孔口人员抽插垫叉时，禁止手扶垫叉底面，跑钻时严禁抢插垫叉；8）遇坍塌掉块孔段或通过套管管靴时，应减慢升降速度。

（3）使用液压拧管机必须遵守下列规定：1）液压马达在初次启动前，应向壳体内注满机油；2）液压马达的启动或停车，应在卸荷状况下进行；3）经常保持油液的清洁干净，防止灰尘和水分混入，定期更换油液，定期清洗过滤器；4）经常检查油路系统各环节是否正常、管接头是否松动，防止空气进入油路系统。

（4）灌浆栓塞下入孔，若遇阻滞现象，必须起出后进行扫孔，不得强行下入。

7.灌浆阶段

（1）灌浆前，必须对搅拌机和管路、栓塞等进行认真检查，以保证灌浆的连续性，中途不得停顿。

（2）搅拌机安置要平稳牢固，传动部分的防护罩要完善可靠。

（3）水泥浆搅拌人员要做好防尘设施，正确穿戴防尘保护用品。

（4）水泥灌浆搅浆时，必须先加水，等正常开动后再加水泥。

（5）运转时不准用手或其他物件伸入搅浆筒中清除杂物，需要掏灰时必须停机清理。

（6）灌浆中需有专人看压力表，防止压力突升突降。

（7）在运转中，安全阀必须无故障，运转前应进行校正，校正后不随意转动。

（8）高压灌浆对高压调节阀应设置防护装置，调压人员应佩戴防护镜。

（9）浆液必须在浆液凝固期限内灌完，灌后立即清洗机具。

第五节　岩石堤基施工

一、处理原则

1.堤基为岩石，如表面无强风化岩层，除表面清理外，一般可不进行专门处理。

2.强风化或裂隙发育的岩石，可能使裂隙充填物或堤体受到渗透破坏的，应进行处理。

3.因岩溶等原因，堤基存在空洞或涌水，将危及堤防安全，必须进行处理。

二、强风化或裂隙发育岩基的处理

1.强风化岩层堤基，先按设计要求清除松动的岩石，并在筑砌石堤或混凝土堤时基面铺设水泥砂浆，层厚大于30mm，筑土堤时基面需涂刷厚3mm的浓黏土浆。

2.当岩石为强风化，并可能使岩石堤基或堤身受到渗透破坏时，在防渗体下采用砂浆或混凝土垫层封堵，使岩石与堤身隔离，并在防渗体下游设置反滤层，防止细颗粒被带走；非防渗体部分用滤料覆盖即可。

3. 裂隙比较密集的基岩，采用水泥固结灌浆或帷幕灌浆，按有关规范进行处理。

三、岩溶处理

1. 处理目的

岩溶处理的目的是控制渗漏，保证度汛时的渗流稳定，减少渗漏量和提高堤基的承载能力，确保堤防的安全。

2. 处理措施

岩溶的处理措施可归纳为：（1）堵塞漏水的洞穴和泉眼；（2）在漏水地段做黏土、混凝土、土工膜或其他形式的铺盖；（3）用截渗墙结合灌浆帷幕处理，截断漏水通道；（4）将间歇泉、落水洞等围住，使之与江（河、海）水隔开；（5）将堤下的泉眼、漏水点等导出堤外；（6）进行固结灌浆或帷幕灌浆。以上这些处理措施，从施工角度看，即开挖、回填和灌浆三种办法的配合应用。

对于处在基岩表层或埋藏较浅的深槽、溶洞等，可以从地表进行开挖，清除因溶蚀作用而风化破碎的岩石和洞穴中的充填物，冲洗干净后，用混凝土进行填塞。对于石灰岩中的溶蚀现象，沿陡倾角裂隙或层面延伸很深，不易直接开挖者，可根据实际情况采用灌浆处理或洞挖回填，或两者结合，洞挖回填后再做灌浆处理。

第六节　堤身施工

一、土料碾压筑堤施工

（一）影响因素

土料压实的程度主要取决于机具能量、碾压遍数、铺土的厚度和土料的含水量等。

土料是由土料、水和空气三相体所组成的。通常固相的土粒和液相的水是不会被压缩的。土料压实就是将被水包围的细土颗粒挤压填充到粗土粒间孔隙中，从而排走空气，使土料的空隙率减小、密实度提高。一般来说，碾压遍数越多，则土料越紧实。当碾压到接近土料极限密度时，再进行碾压起的作用就不明显了。

在同一碾压条件下，土的含水量对碾压质量有直接的影响。当土具有一定含水量时，水的润滑作用使土颗粒间的摩擦阻力减小，从而使土易于密实。但当含水量超过某一限度时，土中的孔隙全由水来填充而呈饱和状态，反而使土难以压实。

（二）压实机具及其选择

在碾压式的小型土坝施工中，常用的碾压机具有平碾、肋条碾，也有用重型履带式拖拉机作为碾压机具使用的。碾压机具主要靠沿土面滚动时碾本身的自重，在短时间内对土体产生静荷重作用，使土粒互相移动而达到密实。

根据压实作用力来划分，通常有碾压、夯击、振动压实三种机具。随着工程机械的发展，又有振动和碾压同时作用的振动碾、产生振动和夯击作用的振动夯等。常用的压实机具有以下几种。

1. 平碾及肋条碾

平碾的滚筒可用钢板卷制而成，滚筒一端有小孔，从小孔中可加入铁粒等，以增加其重量。平碾的滚筒也可用石料或混凝土制成。一般平碾的质量（包括填料重）为 5~12t，沿滚筒宽度的单宽压力为 200~500N/cm，铺土厚度一般不超过 20~25cm。

肋条碾可就地用钢筋混凝土制作，它与平碾的不同之处在于作用在土层上的单位压力比平碾大，压实效果较好，可减少土层的光面现象。

羊脚碾是用钢板制成滚筒，表面上镶有钢制的短柱，形似羊脚。筒端开有小孔，可以加入填料，以调节碾重。羊脚碾工作时，羊脚插入铺土层后，使土料受到挤压及揉搓的联合作用而压实。羊脚碾碾压黏性土的效果好，但不适宜于碾压非黏性土。

2. 振动碾

这是一种振动和碾压相结合的压实机械。它是由柴油机带动与机身相连的附有偏心块的轴旋转，迫使碾滚产生高频振动。振动功能以压力波的形式传到土体内。非黏性土料在振动作用下，土粒间的内摩擦力迅速降低，同时由于颗粒大小不均匀、质量有差异，导致惯性力存在差异，从而产生相对位移，使细颗粒填入粗颗粒间的空隙而达到密实。然而，黏性土颗粒间的黏结力是主要的，且土粒相对比较均匀，在振动作用下，不能取得像非黏性土那样的压实效果。

由于振动作用，振动碾的压实影响深度比一般碾压机械大 1~3 倍，可达 1m 以上。它的碾压面积比振动夯、振动器压实面积大，生产率很高。国产 SD-80-13.5 型振动碾全机质量为 13.5t，振动频率为 1500~1800 次 /min，小时生产率高达 600m³/ 台时。振动压实效果好，使非黏性土料的相对密度大为提高，坝体的沉陷量大幅度降低，稳定性明显增强，使土工建筑物的抗震性能大为改善。故抗震规范明确规定，对有防震要求的土工建筑物必须用振动碾压实。振动碾结构简单、制作方便、成本低廉、生产率高，是压实非黏性土石料的高效压实机械。

3. 气胎碾

气胎碾有单轴和双轴之分。单轴的主要构造是由装载荷重的金属车厢和装在轴上的 4~6 个气胎组成的。碾压时在金属车厢内加载，并同时将气胎充气至设计压力。为防止气胎损坏，停工时用千斤顶将金属厢支托起来，并把胎内的气放掉。

气胎碾在碾压土料时，气胎随土体的变形而变形。随着土体压实密度的增加，气胎的变形也相应增加，始终能保持较为均匀的压实效果。它与刚性碾比较，气胎不仅对土体的接触压力分布均匀，而且作用时间长、压实效果好、压实土料厚度大、生产效率高。

气胎碾可根据压实土料的特性调整其内压力，使气胎对土体的压力始终保持在土料的极限强度内。通常气胎的内压力，对黏性土以（5~6）×105Pa、非黏性土以（2~4）×105Pa最好。平碾碾滚是刚性的，不能适应土体的变形，荷载过大就会使碾滚的接触应力超过土体的极限强度，这就限制了这类碾朝重型方向发展。气胎碾却不然，随着荷载的增加，气胎与土体的接触面增大，接触应力仍不致超过土体的极限强度。所以只要牵引力能满足要求，就不妨碍气胎碾朝重型高效方向发展。早在20世纪60年代，美国就生产了重200t的超重型气胎碾。由于气胎碾既适宜于压实黏性土料，又适宜于压实非黏性土料，能做到一机多用，有利于防渗土料与坝壳土料平起同时上升，用途广泛，很有发展前途。

4.夯实机具

水利工程中常用的夯实机具有木夯、石硪、蛤蟆夯（蛙式打夯机）等。夯实机具夯实土层时，冲击加压的作用时间短，单位压力大，但不如碾压机械压实均匀，一般用于狭窄的施工场地或碾压机具难以施工的部位。

夯板可以吊装在去掉土斗的挖掘机的臂杆上，借助卷扬机操纵绳索系统使夯板上升。夯击土料时将索具放松，使夯板自由下落，夯实土料，其压实铺土厚度可达1m，生产效率较高。对于大颗粒填料可用夯板夯实，其破碎率比用碾压机械压实大得多。为了提高夯实效果，适应夯实土料特性，在夯击黏性土料或略受冰冻的土料时，还可将夯板装上羊脚，即成羊脚夯。

夯板的尺寸与铺土厚度h密切相关。在夯击作用下，土层沿垂直方向应力的分布随夯板短边b的尺寸而变化。当b=h时，底层应力与表层应力之比为0.965；当b=0.5h时，底层应力与表层应力比为0.473。若夯板尺寸不变，表层和底层的应力差值随铺土厚度的增加而增加。差值越大，压实后的土层竖向密度越不均匀。故选择夯板尺寸时，尽可能使夯板的短边尺寸接近或略大于铺土厚度。夯板工作时，机身在压实地段中部后退移动，随夯板臂杆的回转，土料被夯实的夯迹呈扇形。为避免漏夯，夯迹与夯迹之间要套夯，其重叠宽度为10~15cm，夯迹排与排之间也要搭接相同的宽度。为充分发挥夯板的工作效率，避免前后排套压过多，夯板的工作转角以不大于80°~90°为宜。

选择压实机具时，主要依据土石料性质（黏性或非黏性、颗粒级配、含水量等）、压实指标、工程量、施工强度、工作面大小及施工强度等。在不超过土石料极限强度的条件下，宜选用较重型的压实机具，以获得较高的生产率和较好的压实效果。

二、吹填筑堤施工

1.吹填施工方案

整个堤段分为三个施工区段，每个区段需配备一艘吸砂船、四艘运砂船、一艘吹填工作定位船。堤身充砂管袋及堤芯吹填砂采用分层加载，各层施工的程序为：外棱体吹砂管袋—内棱体吹砂管袋—堤芯吹填砂。

整个吹填工艺需要经历"吸—运—吹"三个过程。在砂源区内，通过安装在吸砂船上的离心泵将水砂混合物运送到砂驳船内，待沙子沉淀后，通过砂仓上部的排水口将上部水排出，采砂量需根据潮位通航能力来加以控制。吸砂船在指定通过离心泵吸取水砂混合物至运砂驳船储砂仓内，砂沉积后其上部废水通过砂仓顶部排水口流出，每次采砂量按相应时间的潮位通航能力控制。施工区域内配备吹砂定位工作船，运砂驳船将砂运至该区域后停靠在吹砂定位工作船旁边，通过泥浆泵将砂子通过管道吹填到堤身吹砂管袋内，并将管袋固定好。

2. 施工工艺

充砂管袋的施工工艺具体如下：

（1）土工编织布管袋尺寸由棱体断面不同宽度确定，长度一般定为 10 ~ 50m，袋体采用 35 支三股锦纶线缝制，缝三道（先缝一道，折叠后再缝两道），保证线缝平顺均匀、缝合牢固。每只袋视容积不同设置充填袖口，每 60~80m² 设置一个袖口，袖口直径 12cm，长 40cm，成梅花形均匀布设。

（2）袋体在退潮之后安放到相应位置，固定好管袋，防止袋子在外力作用下出现较大的位移变形。吹砂船放置了泥浆泵，高压水枪能将水和砂料混合在一起，通过泥浆泵把这种混合物送入砂袋里，过段时间砂粒就会沉淀在沙袋内，而水和泥浆将会漏出。当砂袋内充满砂粒时立即拨开充砂管，扎紧袖口，砂袋填充也到此结束，通过一段时间后砂体就会完成排水固结。充灌分三步来完成，依次是充填进浆、二次充填、滤水成形，整个充灌过程都需要控制好充灌的压力，在此压力下既要保持泥浆饱满，又要不能出现破袋或泥浆大量流失现象。充灌过程中泥浆的浓度控制在 22% 左右，充灌压力控制在 0.15 ~ 0.35MPa 范围内。

充灌作业时，需要用四个充砂袖口来进行冲砂，整个冲砂过程中需要中间插管，两边面出水。当一边的袖口冒砂后，需要将该袖口扎紧，并将充砂管调整到另外一边进行冲砂，而另一边袖口也出现冒砂时，需要将剩余的袖口全部扎紧。所有扎袖口都需要采用顺道反道的收口方法。

充砂管袋必须保证一定的平顺度，避免出现直角管袋，转弯处需要处理成圆弧形状，这样能防止折管现象的发生，流沙在此处就不会堵塞。充砂管头插入和拔出袖口后，需要用之前准备好的系带将袖口绑扎牢固。

（3）在确定的区域内进行取土充填，吸砂船在进行采砂过程中需要对采砂区进行平面控制，取土之前就要确定具体位置。需要根据土层情况进行分层开挖，按照不同土层类型控制开挖层厚度。取土土料需要保证水力填充，同时具备较强的排水固结能力，此外，还要防止因为个别颗粒体积过大导致堤身出现渗漏现象，因此取土的时候必须选择较细的土体材料。

（4）每个袋体的填充度要差不多，并将充填袋体分层放置整齐，每层的袋体以 0.5m 为宜。袋体一次无法完成，可以通过第二次充填完成。

（5）堤芯的吹填砂工艺跟充砂管袋是相同的。

（6）堤身吹填作业考虑施工期沉降，每层按 1~1.5m 进行加载，参照设计图纸的加荷程序、加荷曲线及现场原位观测结果进行施工，先深后浅，先点后线，薄层轮加，均衡上升。

三、抛石筑堤施工

（一）堤坝抛石施工技术要点

抛石筑堤施工的主要技术要点如下：

1. 堤坝抛石施工工艺流程

堤坝抛石施工工序有包括工前标高测量、施工区段划分、石料质量抽查、施工测量放样、分层抛填石料、整平和埋坡、施工监测等。在抛石施工开始前应完成前道工序的验收工作，同时完成隔堤范围内的标高测量工作。

抛石工程的质量效果受施工平面布置的影响较大，施工方需结合工前地形测量结果来划分各施工区段，根据设计要求计算抛石分层回填厚度、抛石超填量、各区段抛石量以及施工预留沉降量等施工技术参数。

2. 水上抛石施工

抛石时在施工区域设置警示、施工边线及其他标志来确定施工的具体方位、填筑标高、填筑范围等。水下抛石采用定位船配合平板驳定位，定位船配有 DGPS 定位系统，抛石前应进行试抛，通过 DGPS 定位系统调整船位，使其所抛设块石的位置准确定位于预定抛石位置。定位船定位完成后平板驳进点抛石，定位船移至下处船位。

3. 陆上抛石填筑

陆上抛石主要使用自卸机车、挖掘机等机械设备，采用端进法施工，根据各区段划分及水上抛石施工完成情况安排各作业面施工，按照设计要求分层回填，填筑至设计高程后开始整平及边坡修理工作。

对于高程较低部位（低潮位才能出露水面），必须安排在低潮位时施工。在理坡施工前须测量堤心石抛填高程及外观尺寸，根据测量结果确定是否需要补抛块石。对于抛石不足处则立即补抛块石；块石已足部位，则设立测量标记，作为施工控制依据。

（二）堤坝抛石施工的控制方法

1. 石料准备工作

在抛石施工开始前，要先做好石料送检工作，确保石材满足设计文件中各施工部位的要求。所用石材均需进行检测试验施工，用科学数据来评价其质量高低，检测合格后方可使用，已经被风化的石材、被水解的石头和过碎的小石块均为不合格石料。

2. 编制施工计划

抛石施工要提前做好施工计划，按照加载时间、加载顺序、加载要求分层推进，并按照施工计划要求配备船舶及相关机械设备，满足施工强度要求。

施工监测作为施工中的重要环节需要施工人员密切关注，编制施工监测计划，以监测数据指导施工。在施工过程中严格控制加载厚度，并根据抛石施工进度埋设相关沉降板、空隙水压力计等沉降位移监测仪器，定期采集数据，确保满足设计及规范要求。

（三）堤坝抛石技术要求和质量保证措施

1.抛石筑堤施工技术要求

（1）严格控制各施工区段长度，原则上每单元的抛石长度控制在 40~60 m。

（2）施工方项目管理的职能应该充分发挥，及时完成桩号、观测断面桩和永久控制基线的架设和布局，每个断面桩都要做好标记，以防其发生位移偏差。

（3）每个单元或区段完成抛石后，应该及时进行结果分析和研究，发现不合理及时调整施工方案和抛石的方案。

（4）施工过程要严格按照图纸设计，根据现场勘查结果和图纸来决定施工区段的抛投宽度和深度。

2.质量保证措施

（1）原材料质量控制

抛石筑堤中主要的施工材料为不同粒径及质量的块石，抛石施工对块石的要求很高。石材硬度要达标，遇水不能水解或破碎，不得采用片状、条状和带角的形状怪异的石块。对石材体积的要求只要能抵制水流冲击保持稳定即可。

（2）抛石压脚管理

抛石过程中要保证机械和施工人员的安全。挖掘机工作开始前要有一定措施令其保持平衡稳定，在抛石施工之前先用挖掘机来修路，路修好后再近些抛石操作。同时，应该注意不要在比较大的陡坡或坑洞上进行抛石工作。

（3）施工加载管理

在加荷载时要按照设计图纸的要求，分层并且分级进行加载。严格控制抛石加载的速度及厚度，过快、过慢以及过厚、过薄均不利于整个抛石堤的施工安全，确保整个断面的荷载上升均匀且分散。在抛石过程中，施工人员应密切关注监测数值，一旦出现异常现象要立即暂停施工，上报相关管理单位，并制定处理措施，待抛石堤安全稳定后方可继续施工。

（4）龙口合拢

主堤施工要提前预留抛石船进出的龙口。在主堤龙口段抛石时，要在两端抛填体积较大的石块，用来保护堤头，按照一定顺序，先内后外，填筑的石材要用体积较大的石材，堵好龙口段之后，内部区段完成抛石后，龙口合拢后再去抛填其他区段的断面。

（5）抛石高程控制

由于工程包括大量水下抛石，抛石棱体均在海水面以下，抛石时的抛填分层厚度按照网格法计算的工程量进行控制，高程采用水深测量控制。抛石施工前先在施工区附近设置一根有高程标志的3m水尺，水尺的高程采用 DS3 水准仪进行测量，并使水尺反映的高程读数与即时潮位一致。水下抛石时，根据水尺读出水面高程，计算出水面到抛石顶面设计标高的水深，再通过测深杆或测深水砣进行抛石顶面高程的控制。抛石过程，应每隔15分钟读一次水尺，用即时潮位控制抛石高程，以保证抛石顶面高程的准确性。

四、砌石筑堤施工

（一）砌筑材料

浆砌石堤宜采用块石砌筑，如石料不规则，必要时可采用粗料石或混凝土预制块做砌体镶面；仅有卵石的地区，也可采用卵石砌筑。砌体强度均必须达到设计要求。

1. 块石

块石指的是符合工程要求的岩石，经开采并加工而成的形状大致方正，无尖角，有两个较大的平行面，其厚度不能小于200mm，宽度为厚度的1.5~2.0倍，长度为厚度的1.5~3.0倍。块石分有多种类型，主要有花岗石块石、砂石块石等。

2. 粗料石

料石是由人工或机械开拆出的较规则的六面体石块，用来砌筑建筑物用的石料。按其加工后的外形规则程度可分为毛料石、粗料石、半细料石和细料石四种。其中粗料石宽度和厚度不宜小于200mm，长度不宜大于厚度的4倍，叠砌面和接砌面的表面凹入深度不大于20mm；外露面及相接周边的表面凹入深度不大于20mm。

3. 混凝土预制块

混凝土预制块尺寸准确、整齐统一、表面清洁平整，强度符合设计要求。

4. 卵石

卵石是风化岩石经水流长期搬运而成的粒径为60~200mm的无棱角岩石颗粒，形状多为圆形，表面光滑。

（二）砌筑工艺

1. 浆砌石砌筑要求

（1）砌筑前，应在砌体外将石料上的泥垢冲洗干净，砌筑时保持砌石表面湿润。

（2）应采用坐浆法分层砌筑，铺浆厚宜3~5cm，随铺浆随砌石，砌缝需用砂浆填充饱满，不得无浆直接贴靠，砌缝内砂浆应采用扁铁插捣密实；严禁先堆砌石块再用砂浆灌缝。

（3）上下层砌石应错缝砌筑；砌体外露面应平整美观，外露面上的砌缝应预留约4cm深的空隙，以备勾缝处理；水平缝宽应不大于2.5cm，竖缝宽应不大于4cm。

（4）砌筑因故停顿，砂浆已超过初凝时间时，应待砂浆强度达到2.5MPa后才可继续施工；在继续砌筑前，应将原砌体表面的浮渣清除；砌筑时应避免振动下层砌体。

（5）勾缝前必须清缝，用水冲净并保持缝槽内湿润，砂浆应分次向缝内填塞密实；勾缝砂浆标号应高于砌体砂浆；应按实有砌缝勾平缝，严禁勾假缝、凸缝；砌筑完毕后应保持砌体表面湿润做好养护。

（6）砂浆配合比、工作性能等，应按设计标号通过试验确定，施工中应在砌筑现场随机制取试件。

2. 混凝土预制块镶面砌筑要求

（1）预制块尺寸及混凝土强度应满足设计要求。

（2）砌筑时，应根据设计要求布排丁、顺砌块；砌缝应横平竖直，上下层竖缝错开距离不应小于 10cm，丁石的上下方不得有竖缝。

（3）砌缝内应砂浆填充饱满，水平缝宽应不大于 1.5cm，竖缝宽不得大于 2cm。

3. 干砌石砌筑要求

（1）不得使用有尖角或薄边的石料砌筑，石料最小边尺寸不宜小于 20cm。

（2）砌石应垫稳填实，与周边砌石靠紧，严禁架空。

（3）严禁出现通缝、叠砌和浮塞；不得在外露面用块石砌筑，中间以小石填心；不得在砌筑层面以小块石、片石找平堤顶，应以大石块或混凝土预制块压顶。

（4）承受大风浪冲击的堤段，宜用粗料石丁扣砌筑。

五、混凝土筑堤施工

（一）施工准备

施工前，应落实施工队伍及设备调遣计划，并组织机械设备进场工作，落实原材料的供应渠道及运输计划。同时展开临时房屋及施工便道的场地平整。在进场做好三通一平工作的同时，还应进行施工测量控制点的复核、设置工作。沿河道两岸各布设一条河道中心线的平行线，每隔 20m 设一平面和高程的控制点，其精度应满足施工的需要。

1. 混凝土的制备

（1）混凝土配料

混凝土配料要求采用重量配料法，即将砂、石、水泥、掺和料按重量计量，水和外加剂溶液按重量折算成体积计量。施工规范对配料精度（按重量百分比计）的要求是：水泥、掺合料、水、外加剂溶液为 ±1%，砂石料为 ±2%。

设计配合比中的加水量根据水灰比计算确定，并以饱和面干状态的砂子为标准。由于水灰比对混凝土强度和耐久性影响极为重大，所以绝不能任意变更。施工采用的砂子，其含水量又往往较高，在配料时采用的加水量，应扣除砂子表面含水量及外加剂中的水量。

1）给料设备

给料是将混凝土各组分从料仓按要求供到称料料斗。给料设备的工作机构常与称量设备相连，当需要给料时，控制电路开通，进行给料。当计量达到要求时，即断电停止给料。常用的给料设备有：皮带给料机、电磁振动给料机、叶轮给料机和螺旋给料机。

2）混凝土配料

混凝土配料称量的设备称为配料器，按所称料物的不同，可分为骨料配料器、水泥配料器和量水器等。骨料配料器主要有：简易称量（地磅）、电动磅秤、自动配料杠杆秤、电子秤。

①简易称量。地磅称量，是将地磅安装在地槽内，用手推车装运材料推到地磅上进行称量。这种方法最简便，但称量速度较慢。台秤称量需配置称料斗、储料斗等辅助设备。

②自动配料杠杆秤。自动配料杠杆秤带有配料装置和自动控制装置。自动化水平高，可做砂、石的称量，精度较高。

③电子秤。电子秤是通过传感器承受材料重力拉伸，输出电信号在标尺上指出荷重的大小，当指针与预先给定数据的电接触点接通时，即断电停止给料。其称量更加准确，精度可达 99.5%。自动配料杠杆秤和电子秤都属于自动化配料器，装料、称量和卸料的全部过程都是自动控制的。自动化配料器动作迅速、称量准确，在混凝土拌和楼中应用很广泛。

④配水箱及定量水表。水和外加剂溶液可用配水箱和定量水表计量。配水箱是搅拌机的附属设备，可利用配水箱的浮球刻度尺控制水或外加剂溶液的投放量。定量水表常用于大型搅拌楼，使用时将指针拨至每盘搅拌用水量刻度上，按电钮即可送水，指针也随进水量回移，至零位时电磁阀即断开停水。此后，指针能自动复位至设定的位置。称量设备一般要求精度较高，而其所处的环境粉尘较大，因此应经常检查调整，及时清除粉尘。一般要求每班检查一次称量精度。

（2）混凝土的拌和

1）混凝土拌和机械

混凝土拌和由混凝土拌和机进行，按照拌和机的工作原理，可分为自落式、强制式和涡流式三种。自落式分为锥形反转出料和锥形倾翻出料两种形式；强制式分为涡浆式、行星式、单卧轴式和双卧轴式。

①自落式混凝土搅拌机

自落式混凝土搅拌机是通过筒身旋转，带动搅拌叶片将物料提高，在重力作用下物料自由坠下，反复进行，互相穿插、翻拌、混合使混凝土各组分搅拌均匀。

锥形反转出料搅拌机滚筒两侧开口，一侧开口用于装料，另一侧开口用于卸料。其正转搅拌，反转出料。由于搅拌叶片呈正、反向交叉布置，拌和料一方面被提升后靠自落进行搅拌，另一方面又被迫沿轴向做左右窜动，搅拌作用强烈。

锥形反转出料搅拌机，主要由上料装置、搅拌筒、传动机构、配水系统和电气控制系统等组成。当混合料拌好以后，可通过按钮直接改变搅拌筒的旋转方向，拌和料即可经出料叶片排出。

锥形反转出料拌和机构造简单、装拆方便、使用灵活，如装上车轮便成为移动式拌和机。但容量较小（400~800L），生产率不高，多用于中小型工程，或大型工程施工初期。双锥形倾翻出料搅拌机进出料在同一口，出料时由气动倾翻装置使搅拌筒下旋 50°~60°，即可将物料卸出。双锥形倾翻出料搅拌机卸料迅速，拌筒容积利用系数高，拌和物的提升速度低，物料在拌筒内靠滚动自落而搅拌均匀，能耗低、磨损小，能搅拌大粒轻骨料混凝土。双锥形拌和机容量较大，有 800L、1000L、1600L、3000L 等，拌和效果好、间歇时间短、生产率高，主要用于大体积混凝土工程。

②强制式混凝土搅拌机

强制式混凝土搅拌机一般筒身固定，搅拌机片旋转，对物料施加剪切、挤压、翻滚、滑动、混合使混凝土各组分搅拌均匀。

立轴强制式搅拌机是在圆盘搅拌筒中装一根回转轴，轴上装有拌和铲和刮板，随轴一同旋转。它用旋转着的叶片，将装在搅拌筒内的物料强行搅拌使之均匀。涡桨强制式搅拌机由动力传动系统、上料和卸料装置、搅拌系统、操纵机构和机架等组成。单卧轴强制式混凝土搅拌机的搅拌轴上装有两组叶片，两组堆料方向相反，使物料既有圆周方向运动，也有轴向运动，因而能形成强烈的物料对抗，使混合料能在较短的时间内搅拌均匀。它由搅拌系统、进料系统、卸料系统和供水系统等组成。此外，还有双卧轴式搅拌机。

强制式拌和机的特点是拌和时间短，混凝土拌和质量好，对水灰比和稠度的适应范围广。但当拌和大骨料、多级配、低坍落度碾压混凝土时，搅拌机叶片、衬板磨损快，耗量大、维修困难。

③涡流式混凝土搅拌机

涡流式搅拌机具有自落式和强制式搅拌机的优点，靠旋转的涡流搅拌筒，由侧面的搅拌叶片将骨料提升，然后沿着搅拌筒内侧将骨料运送到强搅拌区，中搅拌轴上的叶片在逆向流中，对骨料进行强烈的搅拌，而不至于在简体内衬上摩擦。这种搅拌机叶片与搅拌筒筒底及筒壁的间距较大，可防卡料，具有能耗低、磨损小、维修方便等优点。但混凝土拌和不够均匀，不适合搅拌大骨料，因此未广泛使用。

2）混凝土拌和楼和拌和站

混凝土拌和楼的生产率高、设备配套、管理方便、运行可靠、占地少，故在大中型混凝土工程中应用较普遍。而中小型工程、分散工程或大型工程的零星部位，通常设置拌和站。

①拌和楼

拌和楼通常按工艺流程进行分层布置，各层由电子传动系统操作，分为进料、贮料、配料、拌和及出料共五层，其中配料层是全楼的控制中心，设有主操纵台。水泥、掺合料和骨料，用皮带机和提升机分别送到贮料层的分格料仓内，料仓有 5~6 格装骨料，有 2~3 格装水泥和掺合料。每格料仓下装有配料斗和自动秤，称好的各种材料汇入集料斗内，再用回转式给料器送入待料的拌和机内。拌和用水则由自动量水器量好后，直接注入拌和机。拌好的混凝土卸入出料层的料斗，待运输车辆就位后，开启气动弧门出料。

②拌和站

拌和站是由数台拌和机联合组成的。拌和机数量不多，可在台地上呈一字形排列布置；而数量较多的拌和机，则布置于沟槽路堑两侧，采用双排相向布置。拌和站的配料可由人工也可由机械完成，供料配料设施的布置应考虑进出料方向、堆料场地、运输线路布置。

3）拌和机的投料顺序

采用一次投料法时，先将外加剂拌和水，再按砂—水泥—石子的顺序投料，并在投料的同时加入全部拌和水进行搅拌。

采用二次投料法时，先将外加剂拌和水中，再将骨料与水泥分二次投料，第一次投料时加入部分拌和水后搅拌，第二次投料时再加入剩余的拌和水一并搅拌。实践表明，用二次投料拌制的混凝土均匀性好，水泥水化反应也充分，因此混凝土强度可提高10%以上。"全造壳法"就是二次投料法的一种实例。在同等强度下，采用"全造壳法"拌制混凝土，可节约水泥15%；在水灰比不变的情况下，可提高强度10%~30%。

2. 混凝土运输

混凝土运输是整个混凝土施工中的一个重要环节，它运输量大、涉及面广，对施工质量影响大。混凝土不同于其他建筑材料（如砖石和涂料等），拌和后不能久存，而且在运输过程中对外界条件的影响也特别敏感。运输方法不正确或运输过程中的疏忽大意，都会降低混凝土的质量，甚至造成废品。

为保证混凝土质量和浇筑工作的顺利进行，对混凝土运输有下列几点要求：

新拌混凝土在运输过程中应保持原有的均匀性及和易性，防止发生离析现象。在运输过程中要尽量减少振动和转运次数，不能使混凝土料从2m以上的高度自由跌落。

要防止水泥砂浆损失。运输混凝土的工具应严密不漏浆；在运输过程中，要防止浆液外溢，装料不要过满，转弯速度不要过快。

要防止外界气温对混凝土的不良影响，使混凝土入仓时仍有原来的坍落度和一定的温度。夏季要遮盖，防止水分蒸发过多和日晒雨淋，冬季要采取保温措施。

要尽量缩短运输时间，防止混凝土出现初凝。

在同一时间内，浇筑不同强度等级的混凝土，必须特别注意运输工作的组织，以防标号错误。

混凝土运输包括两个运输过程：从拌和机前到浇筑仓前，主要是水平运输；从浇筑仓前到仓内，主要是垂直运输。

（1）混凝土的水平运输

国内水平运输机械主要有有轨运输、无轨运输和胶带运输等形式。对于大型水利工程，多采用吊罐不摘钩的运输方式。

1）有轨运输

有轨运输采用机车运输比较平稳，能保证混凝土质量，且较经济，但要求道路平坦，不适用于高差大的地面。

机车运输一般有机车拖平板车立箱和机车拖侧卸罐车两种。前者在我国水电建设工程中被广泛应用，特别是工程量大、浇筑强度高的工程，这种运输方式运输能力大，运输过程中振动小，管理方便。

机车运输一般拖挂3~5节平台列车，上放混凝土立式吊罐2~4个，直接到拌和楼装料。

列车上预留 1 个罐的空位，以备转运时放置起重机吊回的空罐。这种运输方法有利于提高机车和起重机的效率，缩短混凝土运输时间。

2）无轨运输

无轨运输主要有混凝土搅拌车、后卸式自卸汽车、汽车运立罐及无轨侧卸料罐车等。汽车运输机动灵活，载重量较大，卸料迅速，应用广泛。与铁路运输相比，它具有投资少、道路容易修建、适应工地场地狭窄、高差变化大的特点。但汽车运费高、振动大，容易使混凝土料漏浆和离析，质量不如铁路平台列车，事故率较高。进行施工规划时，应尽量考虑运输混凝土的道路与基坑开挖出渣道路相结合，在基坑开挖结束后，利用出渣道路运输混凝土，以缩短混凝土浇筑的准备工期。

汽车运输的生产能力主要由工作循环时间和所装载的混凝土量决定。

3）架空单轨运输

架空单轨运输于 20 世纪 70 年代后期首次在巴西伊泰普工程中成功应用，采用钢桁架和钢柱架设环行的架空运输单轨道。电动小车牵引行驶的混凝土料斗，小车经过拌和楼装料后，驶至卸料点，将混凝土卸入中间转运车，空料斗沿环行单轨驶回拌和楼，如此反复进行。中间转运站将混凝土卸入起重机的吊距内。该运输方式自动化程度高、工作时无噪声、工作安全可靠、轨道系统构造简单、维修方便、效率高，但操作现代化，要求管理水平高，线路布置不适合爬坡，布置上要求尽量少转弯。

4）皮带机运输

皮带机运输混凝土可将混凝土直接运送入仓，也可作为转料设备。直接入仓浇筑混凝土主要有固定式和移动式两种。固定式即用钢排架支撑多条胶带通过舱面，每条胶带控制浇筑宽度 5~6m，每隔几米设置刮板，混凝土经过溜筒垂直下卸。移动式为仓面上的移动梭式胶带布料机与供应混凝土的固定胶带正交布置，混凝土经过梭式胶带布料机分料入仓。皮带机设备简单、操作方便、成本低、生产率高，但运输流态混凝土时容易分层离析，砂浆损失较为严重，骨料分离严重；薄层运输与大气接触面大，容易改变料的温度和含水量，影响混凝土质量。为减小不利影响，一般可采取下列措施：

①皮带机运行速度限制在 1~1.2m/s 以内，上坡角度为 14°~16°，下坡角度为 6°~8°，最大骨料粒径不宜大于 80mm；皮带应张紧，以减小通过滚轴时的跳动；宜选用槽形皮带机，皮带接头宜胶结，在转运或卸料处设置挡板和溜筒，以防止混凝土料分离。

②皮带机头的底部设置 1~2 道橡皮刮板，以减少砂浆损失；砂浆损失应控制在 1.5%以内，混凝土配合比设计应适当增加砂率。

③皮带机搭设盖棚，以免混凝土受日照、水、雨等影响。低温季节施工时，应有适当的保温措施。

④装置冲洗设备，以保证在卸料后及时清洗内带上所黏附的水泥砂浆，并采取措施，防止冲洗的水流入新浇的混凝土中。

（2）混凝土的垂直运输

1）门式起重机

门式起重机（门机）是一种大型移动式起重设备。它的下部为一钢结构门架，门架底部装有车轮，可沿轨道移动。门架下有足够的净空，能并列通行两列运输混凝土的平台列车。门架上面的机身包括起重臂、回转工作台、滑轮组（或臂架连杆）、支架及平衡重等。整个机身可通过转盘的齿轮作用，水平回转 360°。该机运行灵活、移动方便，起重臂能在负荷下水平转动，但不能在负荷下变幅。变幅是在非工作时，利用钢索滑轮组使起重臂改变倾角来完成的。

2）塔式起重机

塔式起重机（简称塔机）是在门架上装置高达数十米的钢架塔身，用以增加起吊高度。其起重臂多是水平的，起重小车钩可沿起重臂水平移动，用以改变起重幅度。

3）缆式起重机

缆式起重机由一套凌空架设的缆索系统、起重小车、主塔架、副塔架等组成。主塔内设有机房和操纵室，并用对讲机和工业电视与现场联系，以保证缆机的运行。缆索系统为缆机的主要组成部分，它包括承重索、起重索、牵引索和各种辅助索。承重索两端系在主塔和副塔的顶部，承受很大的拉力，通常用高强钢丝束制成，是缆索系统中的主索，起重索用于垂直方向升降起重钩，牵引索用于牵引起重小车沿承重索移动。缆机的类型，一般按主、副塔的移动情况划分，有固定式、平移式和辐射式三种。

4）履带式起重机

履带式起重机多由开挖石方的挖掘机改装而成，直接在地面上开行，无须轨道。它的提升高度不大，控制范围比门机小，但起重量大、转移灵活、适应工地狭窄的地形，在开工初期能及早投入使用，生产率高。该机适用于浇筑高程较低的部位。

（3）混凝土连续运输

1）泵送混凝土

在工作面狭窄的地方施工，如隧洞衬砌、导流底孔封堵等，常采用混凝土泵及其导管输送混凝土。

常用混凝土泵的类型有电动活塞式和风动输送式两种。

①活塞式混凝土泵

其工作原理是柱塞在活塞缸内做往返运动，将承料斗中的混凝土吸入并压出，经管道送至浇筑仓内。

目前，在使用活塞式混凝土泵的过程中，要注意防止导管堵塞和泵送混凝土料的特殊要求。一般在泵开始工作时，应先压送适量的水泥砂浆以润滑管壁；当工作中断时，应每隔 5min 将泵转动 2~3 圈；如停工 0.5~1h 以上，应及时清除泵和导管内的混凝土，并用水清洗。泵送混凝土最大骨料粒径不大于导管内径的 1/3，不允许有超径骨料，坍落度以 8~14cm 为宜，含砂率应控制在 40% 左右，1m 混凝土的水泥用量不少于 250~300kg。

②风动输送混凝土泵

以泵为主要设备的整套风动输送装置，泵的压送器是由钢板焊成的梨形罐，可承受1500kPa的气压。工作时，利用压缩空气（气压为640~800kPa）将密闭在罐内的混凝土料压入输送管内，并沿管道吹送到终端的减压器，降低速度和压力、改变运动方向后喷出风动输送是一种间歇性作业，每次装入罐内的混凝土量约为罐容积的80%。其水平运距可达350m，或垂直运距60m，生产率可达50m/h。整套风动装置可安装在固定的机架上或移动的车架上。风动输送泵对混凝土配合比的要求，基本上与活塞式混凝土泵相同。

2）塔带机

皮带机浇筑混凝土往往在运输和卸料时容易产生分离及严重的砂浆损失现象，而难以满足混凝土质量要求，使其应用受到很大限制，过去一般多用来运输碾压混凝土。美国罗泰克公司对皮带机进行了较大改革，特别是墨西哥惠特斯大坝第一次成功地应用3台罗泰克塔带机为主浇筑混凝土，使皮带机浇筑混凝土进入了一个新阶段。

塔带机是集水平运输与垂直运输于一体，将塔机与皮带输送机有机结合的专用皮带机，要求混凝土拌和、水平供料、垂直运输及舱面作业一条龙配套，以提高效率。塔带机布置在坝内，要求大坝坝基开挖完成后快速进行塔带机系统的安装、调试和运行，使其尽早投入正常生产。

塔带机分为固定式和移动式，移动式又有轮胎式和履带式两种，以轮胎式应用较广。塔带机是一种新型混凝土浇筑设备，它具有连续浇筑、生产率高、运行灵活等明显优势。但由于生产能力大、运行速度快、高速入仓，对舱面铺料、平仓的振捣也带来不利影响。在大坝浇筑四级配混凝土时，塔带机运送的混凝土高速入仓，下料点平仓机和振捣机往往无法跟上。另外，布料皮带移动缓慢，入仓混凝土易形成较高料堆，大骨料分离滚至坡脚集中，待停止下料后才能将表面集中的大骨料清走，而内部集中的大骨料往往难以清除，从而造成局部架空隐患。因此，采用塔带机浇筑四级配混凝土对运输和浇筑工艺需做进一步改进，以待完善。

（4）运输混凝土的辅助设备

运输混凝土的辅助设备有吊罐、骨料斗、溜槽、溜管等，用于混凝土装料、卸料和转运入仓，对保证混凝土质量和运输工作顺利进行起着相当大的作用。

1）溜槽与振动溜槽

溜槽为钢制格子（钢模），可从皮带机、自卸汽车、斗车等受料，将混凝土转送入仓。其坡度可由试验确定，常采用45°左右。当卸料高度过大时，可采用振动溜槽。振动溜槽装有振动器，单节长4~6m，拼装总长可达30m，其输送坡度由于振动器的作用可放缓至15°~20°。采用溜槽时，应在溜槽末端加设1~2节溜管或挡板，以防止混凝土料在下滑过程中分离。利用溜槽转运入仓，是大型机械设备难以控制部位的有效入仓手段。

2）溜管与振动溜管

溜管（溜筒）由多节铁皮管串挂而成，每节长0.8~1.0m，上大下小，相邻管节铰挂在一起，可以拖动。采用溜管卸料可起到缓冲消能作用，以防止混凝土料分离和破碎。

溜管卸料时，其出口离浇筑面的高差应不大于1.5m，并利用拉索拖动均匀卸料，但应使溜管出口段约2m长与浇筑面保持垂直，以避免混凝土料分离。随着混凝土浇筑面的上升，可逐节拆卸溜管下端的管节。

溜管卸料多用于断面小、钢筋密的浇筑部位。其卸料半径为1~1.5m，卸料高度不大于10m。振动溜管与普通溜管相似，但每隔4~8m的距离装有一个振动器，以防止混凝土料中途堵塞。其卸料高度可达10~20m。

3）料罐（吊罐）

吊罐有卧罐和立罐之分。卧罐通过自卸汽车受料，立罐置于平台列车直接在搅拌楼出料口受料。

（5）混凝土运输浇筑方案

大坝及其他建筑物的混凝土运输浇筑方案常见的有如下几种：

1）门、塔机运输浇筑方案

采用门、塔机浇筑混凝土可分为有栈桥和无栈桥方案。所谓栈桥就是行驶起重运输机械，直接为施工服务的临时桥梁。

设栈桥的目的在于扩大起重机的工作范围，增加浇筑高度，为起重、运输机械提供行驶线路，避免干扰，以利于安全高效施工。根据建筑物的外形、断面尺寸，栈桥可以平行坝轴线布置一条、两条或三条，可设于同一高程，也可分设于不同高程；栈桥桥墩可设于坝内，也可设在坝外；可以是贯通两岸的全线栈桥，也可以是只通一岸的栈桥。

栈桥布置有如下几种方式：

①单线栈桥。对于宽度不太大的建筑物，将栈桥布置在建筑物轮廓中部，控制大部分浇筑部位，边角部位由辅助浇筑机械完成。单线栈桥可一次到顶，也可分层加高。

②双线栈桥。双线栈桥通常是一主一辅，主栈桥承担主要的浇筑任务，辅助栈桥主要承担水平运输任务，故辅助栈桥应与拌和楼的出料高程协调一致。辅助栈桥也可布置少量起重机，配合主栈桥全面控制较宽的浇筑部位。

③多线多高程栈桥。对于高坝、轮廓尺寸特大的建筑物，采用门、塔机浇筑方案时，常需设多高程栈桥才能完成任务。显然，这样布置栈桥工作量很大，必然会对运输浇筑造成一定影响。利用高架门机和巨型塔机可减少栈桥的层次和条数。

2）缆机运输浇筑方案

缆机的塔架常安设于河谷两岸，通常布置在所浇筑建筑物之外，故可提前安装，一次架设，在整个施工期间长期发挥作用。有时为了缩小跨度，可将坝肩岸边块提前浇好，然后敷设缆机轨道。在施工中因无须架设栈桥，故与主体工程各个部位的施工均不发生干扰。

缆机运输浇筑布置有如下几种情况：

①缆机同其他起重机组合的浇筑系统。当河谷较宽、河岸较平缓时，可让缆机控制建筑物的主要部位，用辅助机械浇筑坝顶和边角地带。

②立体交叉缆机浇筑系统。在深山峡谷中筑高坝，且要求兼顾枢纽的其他工程，则可分高程设置缆机轨道，组成立体交叉浇筑系统，根据枢纽布置设置不同类型的缆机。

③辐射式缆机浇筑系统。据国外 50 个缆机浇筑的工程统计，采用辐射式缆机约占 60%。国内也有不少工程采用辐射式缆机，特别是修筑拱坝。

混凝土运输浇筑方案的选择通常应考虑如下原则：

①运输效率高、成本低、转运次数少、不易分离、质量容易保证。

②起重设备能够控制整个建筑物的浇筑部位。

③主要设备型号单一、性能良好，配套设备能使主要设备的生产能力充分发挥。

④在保证工程质量前提下能满足高峰浇筑强度的要求。

⑤在工作范围内能连续工作，设备利用率高，不压浇块，或不因压块而延误浇筑工期。

在整个施工过程中，运输浇筑方案常不是一成不变的，而是随工程进度的变化而变化。因此，应根据不同的部位、不同的施工时段采用不同的运输浇筑方案。

（二）施工方法

1. 基础土方开挖

（1）定位放线后，根据地质资料、地下水位及现场情况，必要时采用钢板桩护壁支撑。

（2）采用机械开挖，开挖时应预留 0.3m 保护层，该保护层应由人工开挖，不得超挖。

2. 墙体施工

（1）模板：模板及支架结构必须具有足够的强度、刚度和稳定性，以保证浇筑混凝土的结构形状、尺寸和相互位置满足设计要求。

模板安装时用钢管扣件及木撑支撑固定，模内用 $\phi16$ 螺杆对拉，防止浇筑过程中涨模。模板定位采用桩顶轴线控制，模板顶部用垂球对准桩中心后量距定位。

（2）钢筋加工。钢筋原材料及其制作加工必须满足设计要求，及时送检、报验。钢筋采用集中下料成型，编号堆放，运输至作业现场进行绑扎。

钢筋下料前必须审阅各相关施工图设计，确定相关尺寸、规格、数量，列出下料单经技术负责人审核后方可下料。

钢筋表面应保持清洁，无油渍、泥土、铁锈。

$\phi10mm$ 以下的 I 级钢筋用调直机或卷扬机冷拉调直冷拉伸长应控制在 1% 以内，调直后的钢筋用断线钳下料。

$\phi10mm$ 以上的 I、II 钢筋采用断筋机或轮切割机截断。

II 级钢筋接头采用搭接焊，钢筋搭接焊时，两钢筋搭接端都应预先向一侧折成 4°，使搭接钢筋轴线一致。焊接长度应控制在单面焊 ≥10d，双面焊 ≥5d，应保证焊缝饱满、整洁，待焊疤冷却后清除焊渣。II 级钢筋焊接用 506、507 焊条。

箍筋的弯曲采用弯曲机制作，制作时严格控制几何尺寸和弯曲角度，以免影响骨架的外形尺寸和形状。

　　钢筋骨架绑扎时，先在主筋上用石笔画出箍筋间距，然后绑扎箍筋。预制成的骨架必须具有足够的刚度和稳定性。

　　构件钢筋在现场整节制作好，在立模前用电焊点焊牢固，根据放样的闸墙中心准确定位，检查好垂直度后固定好，确保下道工序顺利进行。

　　钢筋与模板间一律使用同标号预制混凝土垫块，准确设置保护层，以保证外观质量。

　　（3）结构混凝土施工：浇筑混凝土应连续进行，严禁在运输途中和仓中加水，混凝土应随浇随平。混凝土采用插入式振捣棒进行振捣。在无法使用振捣器或浇筑困难的部位，辅以人工捣固。

　　1）施工前的准备工作。检查前道工序，必须验收合格；混凝土拌和运输、浇筑设备必须完备充足，并考虑机械故障等意外事故的应急措施；各工种人员充足落实到位；计量、试验设备齐全；混凝土标号、设计配合比、施工配合比、外加剂等挂牌齐全。

　　2）混凝土搅拌及运输。结构混凝土采用混凝土搅拌机拌制，每盘料搅拌时间不低于90s。墙体混凝土采用混凝土搅拌运输车运输。

　　3）混凝土的浇筑。在浇筑墙体时，由于浇筑的体积较大、温度较高，可采用循环水管法或加入适量降低水化热的外掺剂，降低混凝土水化热，避免混凝土因水化热过高而发生开裂的现象。

　　在浇筑墙体混凝土前，必须先将基础浮浆和杂物清理干净，浇筑高度大于2m时，采用串筒滑落下料，以防止混凝土出现离析现象。混凝土采用分层浇筑，每层厚度控制在50cm以下。在浇筑过程中，认真做好混凝土试件，制作试件时用标准振动台成型，振动时间不得超过90s。

　　4）混凝土的振捣。混凝土的振捣是直接影响混凝土质量的关键。如振捣不到位，不但影响混凝土的内在质量，还会影响其外观质量，将来混凝土表面容易出现蜂窝麻面现象。为确保混凝土的质量，插入式振动器应垂直或略微倾斜插入混凝土中，振捣时掌握"快插慢拔"的原则，边提边振，以免在混凝土中留有空洞，插入式振动器振动时，振动范围不应超过振动头长度的1.5倍，一般为30cm。振动时振动头与侧模保持5~10cm的距离，还应防止振动头与模板、钢筋预埋件碰撞所引起的松动、变形、位移。另外，在振动上层混凝土时，还应插入下层混凝土5~10cm，使上下层混凝土结合牢固。在混凝土振捣过程中，也不能出现过振现象，一般控制在25~40s，当混凝土表面停止下沉，呈现平坦、泛浆或振捣时不再出现显著气泡，混凝土已将模板边角部位填满充实，表明该区域混凝土已振捣完成。

　　5）混凝土的养护。混凝土养护是确保混凝土质量的重要环节，混凝土成型拆模后，使其表面维持适当的温度和湿度，保证内部充分水化，促进强度不断增长。对于桥下部结构养护，采用构件表面覆盖土工布和洒水养护结合的方法，根据浇筑时间和气温决定每天洒水次数，确保构件处于湿润状态，养护7d以上。

（4）伸缩缝施工。在沉降缝施工中要注意橡胶止水的摆设，摆放时注意平整，用模板固定撑牢，浇筑时注意橡胶止水带是否发生偏移。如有偏移现象应及时校正，确保止水带能够按照设计要求摆放到位。

第七节　堤岸防护工程施工

一、堤脚施工

堤岸防护包括护脚、护坡、封顶三部分，一般施工时先护脚，后护坡、封顶。护脚施工根据设计要求采用抛石、抛土袋、抛柴枕、抛石笼、混凝土沉井和土工织物软体沉排等方式。护脚时，应根据护脚工程部位的实际情况，按以下要求实施。

1. 抛石护脚

（1）石料尺寸和质量应符合设计要求；

（2）抛投时机宜在枯水期内选择；

（3）抛石前，应测量抛投区的水深、流速、断面形状等基本情况；

（4）必要时应通过试验掌握抛石位移规律；

（5）抛石应从最能控制险情的部位抛起，依次展开；

（6）船上抛石应准确定位，自下而上逐层抛投，并及时探测水下抛石坡度、厚度；

（7）水深流急时，应先用较大石块在护脚部位下游侧抛一石埂，然后再逐次向上游侧抛投。

2. 抛土袋护脚

（1）装土（砂）编织袋布的孔径大小应与土（砂）粒径相匹配；

（2）编织袋装土（砂）的充填度以70%~80%为宜，每袋重不应少于50kg，装土后封口绑扎应牢固；

（3）岸上抛投宜用滑板，使土袋准确入水叠压；

（4）船上抛投土（砂）袋，如水流流速过大，可将几个土袋捆绑抛投。

3. 抛柴枕护脚

（1）柴枕的规格（长度和直径）和结构应按设计要求确定，一般采用枕长10~15m，枕径1.0m，柴石体积比约为7：3。

（2）柴枕捆扎工艺应按下列顺序和要求进行：

1）平整场地。①在险工段的堤顶或戗台上选好并平整捆枕场地；②在场地远水侧顺流向放一枕木，其上再横放一排垫桩，垫桩长约2.5m，粗头近枕木，细头朝向水流，形成约1/10的斜坡，垫桩间距为0.5~0.7m；③在场地后部偏上游一侧打设拉桩。

2）铺柴排石。①在两垫桩间放好捆枕绳（或铅丝）；②在垫桩上铺柴枝（柳枝、玉米秸、苇料等），捆1.0m直径的枕，铺柴料宽约1.0m，压实厚度为0.15~0.20m，铺柴应分两层，第一层从上游端开始，柴枝料粗头朝外，均匀交错铺至下游端，第二层将柴枝粗头反过来，再从下游端铺至上游端，铺完两层后，两端以粗头朝外再铺一节，加厚枕的两头；③在铺柴中间分层排放石块，大小搭配排紧填实，呈中间略宽、两头稍窄，直径约0.6m的柱体，两端各留0.4~0.5m不排石；④排石一半厚时，放一根拴有2~3个十字木棍或长形块石的穿心绳，然后再将上一半排石排好，缺石料时，可用土工编织袋、麻袋、草袋装土代替；⑤在排石上再按铺柴方法铺两层柴枝。

3）捆枕：①将柴枕下的捆枕绳依次用力（或用绞杆）绞紧系牢；②捆枕绳双股、单股相间，枕头处应以双股盘扎好。

（3）柴枕抛枕应按以下要求进行：

1）考虑流速因素，准确定位。

2）抛枕前，将穿心绳活扣拴在预先打好的拉桩上，并派专人掌握穿心绳的松紧度。抛枕人要均匀站在枕后，同时推枕、掀垫桩，确保柴枕平衡滚落入水中。

3）由上游侧向下游侧逐个靠接，顺堤坡方向由下而上逐个贴岸。

4）要从抢护部位稍靠上游侧抛起；采取分段抛枕时，应同时进行。

5）抛枕过程中，应加强水下探测，及时调整穿心绳，或用数根底钩绳控制柴枕沉落位置。

6）柴枕抛足后，应及时抛压枕石将其压稳。

4.抛石笼护脚

（1）石笼大小视需要和抛投手段而定，石笼体积以1.0~2.5m为宜。

（2）应先从最能控制险情的部位抛起，依次扩展，并适时进行水下探测，坡度和厚度应符合设计要求。

（3）抛完后，需用大石块将笼与笼之间不严密处抛填补齐。

5.混凝土沉井护脚

（1）施工前应将质量合格的混凝土沉井运至现场。

（2）将沉井按设计要求在枯水期的河滩面上准确定位。

（3）人工或机械挖除沉井内的河床介质，使沉井平稳沉至设计高程。

（4）向混凝土沉井中回填砂石料，填满后，顶面应以大石块盖护。

6.土工织物软体沉排护脚

（1）做排应按照下列要求进行：

1）软体排制作：①一般用聚丙烯（或聚乙烯）编织布缝成12m×10m的排体；②在排体的下端横向缝制0.4m宽的横袋；③在排体中央及两边再缝制0.4~0.6m宽的竖袋，两竖袋间距一般为4m左右；④每个竖袋两侧排体上分别缝结一条直径1cm的聚乙烯纵向拉筋绳，其下端从横袋底部兜过，纵向拉筋绳应预留一定长度，并与顶桩联结；⑤在排体上、下两端，横向各缝结一直径1cm的聚乙烯挂排绳；⑥在排体上游侧应另拴两根拉绳，分别连接软体排底部的挂排绳和最上侧的拉筋绳。

2）排体长度应大于所抢护段堤（岸）坡长度与淘刷深度之和，不足时可用两个排体相接。

3）软体排缝制应采用双道缝线，叠压宽度不小于5cm，两线相距以1.5~2.0cm为宜。

（2）软体排沉放

1）在需沉护堤（岸）段的岸边展开排体，先将土装入横袋内，装满后封口。

2）在上游侧岸边顶打一桩，将与软体排下端拉筋绳连接的拉绳活拴在该顶桩上，并派专人控制其松紧。

3）将排体推入水中，在软体排展开的同时向竖袋内装土，直到横袋沉至河底。

4）软体排上游侧竖袋充填土（砂）必须密实，必要时可充填碎石加重。

5）软体排沉放过程中要随时探测，如发现排脚下仍有冲刷坍塌，应继续向竖袋内加土，并放松拉筋绳，使排体紧贴岸边整体下滑，贴覆整个坍塌部位。

6）两软体排搭接时，上游侧排体应搭接在下游侧排体上，搭接宽度不小于50cm，并应将搭接处压实。

二、护坡施工

根据设计要求采用砌石、现浇混凝土、预制混凝土板、植草皮、植防浪林等方式进行护坡时，应分别按以下要求实施。

（一）砌石护坡

1.按设计要求削坡，并铺好垫层或反滤层。

2.干砌石护坡，应由低向高逐步铺砌，要嵌紧、整平，铺砌厚度应达到设计要求，平均面层厚度不小于0.2m，块石下面砂性土坡上的垫层也不得被缝隙间水流冲动。

3.浆砌石护坡应做好排水孔的施工，并符合下列规定：

（1）砌筑前，应在砌体外将石料上的泥垢冲洗干净，砌筑时保持砌石表面湿润。

（2）应采用坐浆法分层砌筑，铺浆厚宜3~5cm，随铺浆随砌石，砌缝需用砂浆填充饱满，不得无浆直接贴靠，砌缝内砂浆应采用扁铁插捣密实；严禁先堆砌石块再用砂浆灌缝。

（3）上下层砌石应错缝砌筑；砌体外露面应平整美观，外露面上的砌缝应预留约4cm深的空隙，以备勾缝处理；水平缝宽应不大于2.5cm，竖缝宽应不大于4cm。

（4）砌筑因故停顿，砂浆已超过初凝时间，应待砂浆强度达到2.5MPa后才可继续施工；在继续砌筑前，应将原砌体表面的浮渣清除；砌筑时应避免振动下层砌体。

（5）勾缝前必须清缝，用水冲净并保持缝槽内湿润，砂浆应分次向缝内填塞密实；勾缝砂浆标号应高于砌体砂浆；应按实有砌缝勾平缝，严禁勾假缝、凸缝；砌筑完毕后应保持砌体表面湿润，做好养护。

（6）砂浆配合比、工作性能等，应按设计标号通过试验确定，施工中应在砌筑现场随机制取试件。

4.灌砌石护坡要确保混凝土的质量，并做好削坡和灌入振捣工作。

5.石笼护坡，以铁丝、钢筋、聚合物筋，甚至竹筋编成的网状箱、笼、排垫等形状充填石块即为石笼、石箱。石笼的一般尺寸为长 3~4m、宽 1~3m、厚 0.3~1.0m，大面积薄的石牌（小于 0.5m）作为排垫时，可编好网状先铺在坡面上，然后充填石块、碎石，再封闭上口。

（二）块体铺面护坡

用现浇混凝土或预制混凝土板护坡时，缆索把预制有钩钉之类的混凝土块连接为块体排垫，或以顶针、胶黏剂等方法锚固在土工织物上，由于相互牵连，较单个松散块体的护坡更为牢固，而且可水下铺放。块体排垫不允许大的移动变形，只允许 5%~10% 护坡厚度的移动，铺放排垫时必须先清理平整坡面使块体紧黏土面，当采用土工织物垫底时接头处应相互搭接 0.5~1.0m，并且符合有关标准的规定。

（三）草皮护坡

草皮护坡应按设计要求选用适宜草种，铺植要均匀，草皮厚度不应小于 6.4cm，并注意加强草皮养护，提高成活率。

（四）林木护坡

护堤林、防浪林应按设计选用林带宽度、树种和株、行距，适时栽种，保证成活率，并应做好消浪效果观测点的选择。

（五）封顶施工

封顶工程应与护坡工程密切配合，连续施工，不遗留任何缺口。对顶部边缘处的集水沟、排水沟等设施，要按照规范和设计要求施工。

三、防渗及排水施工

（一）防渗墙

防渗墙是一种修建在松散透水底层或土石坝中起防渗作用的地下连续墙。防渗墙技术在 20 世纪 50 年代起源于欧洲，因其结构可靠、施工简单、适应各类地层条件、防渗效果好以及造价低等优点，现在国内外得到了广泛应用。

中国防渗墙施工技术的发展始于 1958 年，此前，中国在坝基处理方面对较浅的覆盖层大多采用大开挖后再回填黏土截水墙的办法。对于较深的覆盖层，采用大开挖的办法难以进行，因而采用水平防渗的处理办法。即在上游填筑黏土铺盖，下游坝脚设反滤排水及减压设施，用延长渗径和排水减压的办法控制渗流。这种处理办法虽可以保证坝基的渗流稳定，但局限性较大。

1. 防渗墙的特点

（1）适用范围较广：适用于多种地质条件，如沙土、沙壤土、粉土以及直径小于10mm的卵砾石土层，都可以做连续墙，对于岩石地层可以使用冲击钻成槽。

（2）实用性较强：广泛应用于水利水电、工业民用建筑、市政建设等各个领域。塑性混凝土防渗墙可以在江河、湖泊、水库堤坝中起到防渗加固作用；刚性混凝土连续墙可以在工业民用建筑、市政建设中起到挡土、承重作用。混凝土连续墙深度可达100多米。三峡二期围堰轴线全长1439.6m，最大高度82.5m，最大填筑水深达60m，最大挡水水头达85m，防渗墙最大高度74m。

（3）施工条件要求较宽：地下连续墙施工时噪声低、振动小，可在较复杂条件下施工，可昼夜施工，加快施工速度。

（4）安全、可靠：地下连续墙技术自诞生以来有了较大发展，在接头的连接技术上也有了很大进步，较好地完成了段与段之间的连接。作为承重和挡土墙，可以做成刚度较大的钢筋混凝土连续墙。

（5）工程造价较低：10cm厚的混凝土防渗墙造价约为240元/平方米，40cm厚的防渗墙造价约为430元/平方米。

2. 防渗墙的分类及适用条件

按结构形式防渗墙可分为桩柱型、槽板型和板桩灌注型等。按墙体材料防渗墙可分为混凝土、黏土混凝土、钢筋混凝土、自凝灰浆、固化灰浆和少灰混凝土等。

3. 防渗墙的作用与结构特点

（1）防渗墙的作用

防渗墙是一种防渗结构，但其实际的应用已远远超出了防渗的范围，可用来解决防渗、防冲、加固、承重及地下截流等工程问题。其具体的运用主要有如下几个方面：

1）控制闸、坝基础的渗流；

2）控制土石围堰及其基础的渗流；

3）防止泄水建筑物下游基础的冲刷；

4）加固一些有病害的土石坝及堤防工程；

5）作为一般水工建筑物基础的承重结构；

6）拦截地下潜流，抬高地下水位，形成地下水库。

（2）防渗墙的构造特点

防渗墙的类型较多，但从其构造特点来说，主要是两类：槽孔（板）型防渗墙和桩柱型防渗墙。前者是中国水利水电工程中混凝土防渗墙的主要形式。防渗墙系垂直防渗措施，其立面布置有两种形式：封闭式与悬挂式。封闭式防渗墙是指墙体插入基岩或相对不透水层一定深度，以实现全面截断渗流的目的。悬挂式防渗墙，墙体只深入地层一定深度，仅能加长渗径，无法完全封闭渗流。对于高水头的坝体或重要的围堰，有时设置两道防渗墙，共同作用，按一定比例分担水头。这时应注意水头的合理分配，避免造成单道墙承受水头过大而破坏，这对另一道墙也是很危险的。

防渗墙的厚度主要由防渗要求、抗渗耐久性、墙体的应力与强度及施工设备等因素确定。其中，防渗墙的耐久性是指抵抗渗流侵蚀和化学溶蚀的性能，这两种破坏作用均与水力梯度有关。

不同的墙体材料具有不同的抗渗耐久性，其允许水力梯度值也就不同。如普通混凝土防渗墙的允许水力梯度值一般在 80~100，而塑性混凝土因其抗化学溶蚀性能较好，可达 300，水力梯度值一般在 50~60。

（3）防渗性能

根据混凝土防渗墙深度、水头压力及地质条件的不同，混凝土防渗墙可以采用不同的厚度，从 1.5~0.20m 不等。在长江监利县南河口大堤用过的混凝土防渗墙深度为 15~20m，墙体厚度为 7.5cm。渗透系数 K<10^{-7}cm/s，抗压强度大于 1.0MPa。目前，塑性混凝土防渗墙越来越受到重视，它是在普通混凝土中加入黏土、膨润土等掺和材料，大幅度降低水泥掺量而形成的一种新型塑性防渗墙体材料。塑性混凝土防渗墙因其弹性模量低、极限应变大，使得塑性混凝土防渗墙在荷载作用下，墙内应力和应变都很低，可提高墙体的安全性和耐久性，而且施工方便、节约水泥、降低工程成本，具有良好的变形和防渗性能。

有的工程对墙的耐久性进行了研究，粗略地计算防渗墙抗溶蚀的安全年限。根据已经建成的一些防渗墙统计，混凝土防渗墙实际承受的水力坡降可达 100。如南谷洞土坝防渗墙水力坡降为 91，毛家村土坝防渗墙为 80~85，密云土坝防渗墙为 80。对于较浅的混凝土防渗墙在承受低水头的情况下，可以使用薄墙，厚度为 0.22~0.35m。

4.防渗墙的墙体材料

防渗墙的墙体材料，按其抗压强度和弹性模量，一般分为刚性材料和柔性材料。可在工程性质与技术经济比较后，选择合适的墙体材料。

刚性材料包括普通混凝土、黏土混凝土和掺粉煤灰混凝土等，其抗压强度大于 5MPa，弹性模量大于 10 000MPa。柔性材料的抗压强度则小于 5MPa，弹性模量小于 10 000MPa，包括塑性混凝土、自凝灰浆和固化灰浆等。另外，现在有些工程开始使用强度大于 25MPa 的高强混凝土，以适应高坝深基础对防渗墙的技术要求。

（1）普通混凝土

普通混凝土是指其强度在 7.5~20MPa，不加其他掺合料的高流动性混凝土。由于防渗墙的混凝土是在泥浆下浇筑的，故要求混凝土能在自重下自行流动，并有抗离析与保持水分的性能。其坍落度一般为 18~22cm，扩散度为 34~38cm。

（2）黏土混凝土

在混凝土中掺入一定量的黏土（一般为总量的 12%~20%），不仅可以节省水泥，还可以降低混凝土的弹性模量，改变其变形性能，增加其和易性，改善其易堵性。

（3）粉煤灰混凝土

在混凝土中掺加一定比例的粉煤灰，能改善混凝土的和易性，降低混凝土发热量，提高混凝土密实性和抗侵蚀性，并具有较高的后期强度。

（4）塑性混凝土

塑性混凝土是以黏土和（或）膨润土取代普通混凝土中的大部分水泥所形成的一种柔性墙体材料。塑性混凝土与黏土混凝土有本质区别，因为后者的水泥用量降低并不多，掺黏土的主要目的是改善和易性，并未过多改变弹性模量。塑性混凝土的水泥用量仅为 $80\sim100kg/m^3$，使得其强度低，特别是弹性模量值低到与周围介质（基础）相接近，这时，墙体适应变形的能力大大提高，几乎不产生拉应力，减少了墙体出现开裂现象的可能性。

（5）自凝灰浆

自凝灰浆是在固壁浆液（以膨润土为主）中加入水泥和缓凝剂所制成的一种灰浆，凝固前作为造孔用的固壁泥浆，槽孔造成后则自行凝固成墙。

（6）固化灰浆

在槽锻造孔完成后，向固壁的泥浆中加入水泥等固化材料，沙子、粉煤灰等掺合料，水玻璃等外加剂，经机械搅拌或压缩空气搅拌后，凝固成墙体。

5.防渗墙的施工工艺

槽孔（板）型的防渗墙，是由一段段槽孔套接而成的地下墙。尽管在应用范围、构造形式和墙体材料等方面存在各种类型的防渗墙，但其施工程序与工艺是类似的，主要包括：造孔前的准备工作；泥浆固壁与造孔成槽；终孔验收与清孔换浆；槽孔浇筑；全墙质量验收等。

（1）造孔准备

造孔前准备工作是防渗墙施工的一个重要环节。

必须根据防渗墙的设计要求和槽孔长度的划分，做好槽孔的测量定位工作，并在此基础上设置导向槽。

导向槽的作用是：导墙是控制防渗墙各项指标的基准，导墙和防渗墙的中心线必须一致，导墙宽度一般比防渗墙的宽度多3~5cm，它指示挖槽位置，为挖槽起导向作用；导墙竖向面的垂直度是决定防渗墙垂直度的首要条件，导墙顶部应平整，保证导向钢轨的架设和定位；导墙可防止槽壁顶部坍塌，保持泥浆压力，防止坍塌和阻止废浆脏水倒流入槽，保证地面土体稳定，在导墙之间每隔1~3m加设临时木支撑；导墙经常承受灌注混凝土的导管、钻机等静、动荷载，可以起到重物支承台的作用、维持稳定液面的作用，特别是地下水位很高的地段，为维持稳定液面，至少要高出地下水位1m；导墙内的空间有时可作为稳定液的贮藏槽。

导向槽可用木料、条石、灰拌土或混凝土制成。导向槽沿防渗墙轴线设在槽孔上方，导向槽的净宽一般等于或略大于防渗墙的设计厚度，高度以1.5~2.0m为宜。为了维持槽孔的稳定，要求导向槽底部高出地下水位0.5m以上。为了防止地表积水倒流和便于自流排浆，其顶部高程应比两侧地面略高。

钢筋混凝土导墙常用现场浇筑法。其施工顺序是：平整场地、测量位置、挖槽与处理弃土、绑扎钢筋、支模板、灌注混凝土、拆模板并设横撑、回填导墙外侧空隙并碾压密实。导墙的施工接头位置，应与防渗墙的施工接头位置错开。另外，还可设置插铁以保持导墙的连续性。

导向槽安设好后，在槽侧铺设造孔钻机的轨道，安装钻机，修筑运输道路，架设动力和照明路线以及供水供浆管路，做好排水排浆系统，并向槽内充灌泥浆，保持泥浆液面在槽顶以下30~50cm。做好这些准备工作以后，就可开始造孔。

（2）固壁泥浆和泥浆系统

在松散透水的地层和坝（堰）体内进行造孔成墙，如何维持槽孔孔壁的稳定是防渗墙施工的关键技术之一。工程实践表明，泥浆固壁是解决这类问题的主要方法。泥浆固壁的原理是：由于槽孔内的泥浆压力要高于地层的水压力，使泥浆渗入槽壁介质中，其中较细的颗粒进入空隙，较粗的颗粒附在孔壁上形成泥皮。泥皮对地下水的流动形成阻力，使槽孔内的泥浆与地层被泥皮隔开。泥浆一般具有较大的密度，所产生的侧压力通过泥皮作用在孔壁上，就保证了槽壁的稳定。

泥浆除了固壁作用外，在造孔过程中，还有悬浮和携带岩屑、冷却润滑钻头的作用；成墙以后，渗入孔壁的泥浆和胶结在孔壁上的泥皮，还对防渗起辅助作用。由于泥浆的特殊重要性，在防渗墙施工中，国内外工程对泥浆的制浆土料、配比以及质量控制等方面均有严格的要求。

泥浆的制浆材料主要有膨润土、黏土、水以及改善泥浆性能的掺合料，如加重剂、增黏剂、分散剂和堵漏剂等。制浆材料通过搅拌机进行拌制，经筛网过滤后，放入专用储浆池备用。

中国根据大量的工程实践，提出制浆土料的基本要求是黏粒含量大于50%，塑性指数大于20，含砂量小于5%，氧化硅与三氧化二铝含量的比值以3~4为宜。配制而成的泥浆，其性能指标，应根据地层特性、造孔方法和泥浆用途等，通过试验选定。

（3）造孔成槽

造孔成槽工序约占防渗墙整个施工工期的一半。槽孔的精度直接影响防渗墙的质量。选择合适的造孔机具与挖槽方法对提高施工质量、加快施工速度至关重要。混凝土防渗墙的发展和广泛应用，也是与造孔机具的发展和造孔挖槽技术的改进密切相关的。

用于防渗墙开挖槽孔的机具，主要有冲击钻机、回转钻机、钢绳抓斗及液压铣槽机等。它们的工作原理、适用的地层条件及工作效率有一定差别。对于复杂多样的地层，一般要多种机具配套使用。

进行造孔挖槽时，为了提高工效，通常要先划分槽段，然后在一个槽段内，划分主孔和副孔，采用钻劈法、钻抓法或分层钻进等方法成槽。

各种造孔挖槽的方法，都是采用泥浆固壁，在泥浆液面下钻挖成槽的。在造孔过程中，要严格按操作规程施工，防止掉钻、卡钻、埋钻等事故发生；必须经常注意泥浆液面的稳定，发现严重漏浆，要及时补充泥浆，采取有效的止漏措施；要定时测定泥浆的性能指标，并控制在允许范围以内；应及时排除废水、废浆、废渣，不允许在槽口两侧堆放重物，以免影响工作，甚至造成孔壁坍塌；要保持槽壁平直，保证孔位、孔斜、孔深、孔宽以及槽孔搭接厚度、嵌入基岩的深度等满足规定的要求，防止漏钻漏挖和欠钻欠挖。

（4）终孔验收和清孔换浆

验收合格方准进行清孔换浆，清孔换浆的目的是在混凝土浇筑前，对留在孔底的沉渣进行清除，换上新鲜泥浆，以保证混凝土和不透水地层连接的质量。清孔换浆应该达到的标准是：经过 1h 后，孔底淤积厚度不大于 10cm，孔内泥浆密度不大于 1.3，黏度不大于30s，含砂量不大于 10%。一般要求清孔换浆以后 4h 内开始浇筑混凝土。如果不能按时浇筑，应采取措施，防止落淤，否则，在浇筑前要重新清孔换浆。

（5）墙体浇筑

防渗墙的混凝土浇筑和一般混凝土浇筑不同，是在泥浆液面下进行的。泥浆下浇筑混凝土的主要特点是：

1）不允许泥浆与混凝土掺混形成泥浆夹层；

2）确保混凝土与基础以及一、二期混凝土之间的结合；

3）连续浇筑，一气呵成。

泥浆下浇筑混凝土常用直升导管法。清孔合格后，立即下设钢筋笼、预埋管、导管和观测仪器。导管由若干节管径 20~25cm 的钢管连接而成，沿槽孔轴线布置，相邻导管的间距不宜大于 3.5m，一期槽孔两端的导管距端面以 1.0~1.5m 为宜，开浇时导管口距孔底10~25cm，把导管固定在槽孔口。当孔底高差大于 25cm 时，导管中心应布置在该导管控制范围的最低处。这样布置导管，有利于全槽混凝土面的均衡上升，有利于一、二期混凝土的结合，并可防止混凝土与泥浆掺混。槽孔浇筑应严格遵循先深后浅的顺序，即从最深的导管开始，由深到浅依次开浇，待全槽混凝土面浇平以后，再全槽均衡上升。

每个导管开浇时，先下入导注塞，并在导管中灌入适量的水泥砂浆，准备好足够数量的混凝土，将导注塞压到导管底部，使管内泥浆挤出管外。然后将导管稍微上提，使导注塞浮出，一举将导管底端被泄出的砂浆和混凝土埋住，保证后续浇筑的混凝土不会与泥浆掺混。在浇筑过程中，应保证连续供料，一气呵成；保持导管埋入混凝土的深度不小于1m；维持全槽混凝土面均衡上升，上升速度不应小于 2m/h，高差控制在 0.5m 范围内。

混凝土上升到距孔口 10m 左右，常因沉淀砂浆含砂量大，稠度增浓，压差减小，增加浇筑困难。这时可用空气吸泥器、砂泵等抽排浓浆，以便浇筑顺利进行。浇筑过程中应注意观测，做好混凝土面上升的记录，防止堵管、埋管、导管漏浆和泥浆掺混等事故的发生。

6. 防渗墙的质量检查

对混凝土防渗墙的质量检查应按规范及设计要求进行，主要有如下几个方面：

（1）槽孔的检查，包括几何尺寸和位置、钻孔偏斜、入岩深度等。

（2）清孔检查，包括槽段接头、孔底淤积厚度、清孔质量等。

（3）混凝土质量的检查，包括原材料、新拌料的性能、硬化后的物理力学性能等。

（4）墙体的质量检测，主要通过钻孔取芯、超声波及地震透射层析成像（CT）技术等方法全面检查墙体的质量。

7. 双轮铣成槽技术

（1）双轮铣成槽技术的工作原理

双轮铣设备的成槽原理是通过液压系统驱动下部两个轮轴转动，水平切削、破碎地层，采用反循环出碴。双轮铣设备主要由三部分组成：起重设备、铣槽机、泥浆制备及筛分系统等。铣槽时，两个铣轮低速转动，方向相反，其铣齿将地层围岩铣削破碎，中间液压马达驱动泥浆泵，通过铣轮中间的吸砂口将钻掘出的岩渣与泥浆混合物排到地面泥浆站进行集中除砂处理，然后将净化后的泥浆返回槽段内，如此往复循环，直至终孔成槽。在地面通过传感器控制液压千斤顶系统伸出或缩回导向板、纠偏板，调整铣头的姿态，并调慢铣头下降速度，从而有效地控制槽孔的垂直度。

（2）主要优缺点

双轮铣成槽技术具有以下优点：

1）对地层适应性强，从软土到岩石地层均可实施切削搅拌，更换不同类型的刀具即可在淤泥、砂、砾石、卵石及中硬强度的岩石、混凝土中开挖；

2）钻进效率高，在松散地层中钻进效率 $20\sim40\,m^3/h$，双轮铣设备施工进度与传统的抓槽机和冲孔机在土层、砂层等软弱地层中为抓槽机的 2~3 倍，在微风岩层中可达到冲孔成槽效率的 20 倍以上，同时也可以在岩石中成槽；

3）孔形规则（墙体垂直度可控制在 3% 以下）；

4）运转灵活，操作方便；

5）排渣同时即清孔换浆，减少了混凝土浇筑准备时间；

6）低噪声、低振动，可以贴近建筑物施工；

7）设备成桩深度大，远大于常规设备；

8）设备成桩尺寸、深度、注浆量、垂直度等参数控制精度高，可保证施工质量，工艺没有"冷缝"概念，可实现无缝连接，形成无缝墙体。但同时由于工艺和设备限制其存在一定的局限性：

①不适用于存在孤石、较大卵石等地层，此种地层下需和冲击钻或爆破配合使用；

②受设备限制连续墙槽段划分不灵活，尤其是二期槽段；

③设备维护复杂且费用高；

④设备自重较大对场地硬化条件要求较传统设备高。

（3）施工准备

1）测量放样

施工前使用 GPS 放样防渗墙轴线，然后沿轴线向两侧分别引出桩点，便于机械移动施工。

2）机械设备

主要施工机械有双轮铣、水泥罐、空气压缩机、制浆设备、挖掘机等。

3）施工材料

水泥选用强度等级为 42.5 级矿渣水泥。进场水泥必须具备出厂合格证，并经现场取样送试验室复检合格，水泥罐储量要充分满足施工需要。施工供水、施工供电等。

（4）施工工艺

工艺流程包括清场备料、放样接高、安装调试、开沟铺板、移机定位、铣削掘进搅拌、浆液制备、输送、铣体混合输送等、回转提升、成墙移机等。

（5）造墙方式

液压双轮铣槽机和传统深层搅拌的技术特点相结合起来，在掘进注浆、供气、铣、削和搅拌的过程中，四个铣轮相对相向旋转，铣削地层；同时通过矩形方管施加向下的推进力向下掘进切削。在此过程中，通过供气、注浆系统同时向槽内分别注入高压气体、固化剂和添加剂（一般为水泥和膨润土），直至达到设备要求的深度。此后，四个铣轮做相反方向相向旋转，通过矩形方管慢慢提起铣轮，并通过供气、注浆管路系统再向槽内分别注入气体和固化液，并与槽内的基土相混合，从而形成由基土、固化剂、水、添加剂等形成的水泥土混合物的固化体，成为等厚水泥土连续墙。幅间连接为完全铣削结合，第二幅与第一幅搭接长度为 20~30cm，接合面无冷缝。

（6）造墙

1）铣头定位：根据不同的地质情况选用适合该地层的铣头，随后将双轮铣机的铣头定位于墙体中心线和每幅标线上。

2）垂直的精度：对于矩形方管的垂直度，采用经纬仪做三支点桩架垂直度的初始零点校准，由支撑矩形方管的三支点辅机的垂直度来控制。从而有效地控制槽形的垂直度。其墙体垂直度可控制在 3% 以内。

3）铣削深度：控制铣削深度为设计深度的 ±0.2m。

4）铣削速度：开动双轮铣主机掘进搅拌，并徐徐下降铣头与基土接触，按设计要求注浆、供气。控制铣轮的旋转速度为 22~26r/min，一般铣进控速为 0.4~1.5 r/min。根据地质情况可适当调整掘进速度和转速，以避免形成真空负压，孔壁坍陷，造成墙体空隙。在实际掘进过程中，由于地层 35m 以下土质较为复杂，需要进行多次上提和下沉掘进动作，满足设计进尺及注浆要求。

5）注浆：制浆桶制备的浆液放入储浆桶，经送浆泵和管道送入移动车尾部的储浆桶，再由注浆泵经管路送至挖掘头。注浆量的大小由装在操作台的无级电机调速器和自动瞬时流速计及累计流量计监控；一般根据钻进尺速度与掘削量在 100~350L/min 内调整。在掘进过程中按设计要求进行一、二次注浆，注浆压力一般为 2.0~3.0MPa。若中途出现堵管、断浆等现象，应立即停泵，查找原因进行修理，待故障排除后再掘进搅拌。当因故停机超过半小时时，应对泵体和输浆管路妥善清洗。

6）供气：由装在移动车尾部的空气压缩机制成的气体经管路压至钻头，其量大小由手动阀和气压表配给；全程气体不得间断；控制气体压力为 0.3~0.7MPa。

7）成墙厚度：为保证成墙厚度，应根据铣头刀片磨损情况定期测量刀片外径，当磨损达到 1cm 时必须对刀片进行修复。

8）墙体均匀度：为确保墙体质量，应严格控制掘进过程中的注浆均匀性以及由气体升扬置换墙体混合物的沸腾状态。

9）墙体连接：每间墙体的连接是地下连续墙施工最关键的一道工序，必须保证充分搭接。液压铣削施工工艺形成矩形槽段，在施工时严格控制墙（桩）位并做出标志，确保搭接在 30cm 左右，以达到墙体整体连续作业；严格与轴线平行移动，以确保墙体平面的平整（顺）度。

10）水泥掺入比：水泥掺入量按 20% 控制，一般为下沉空搅部分占有效墙体部位总水泥量的 70% 左右。

11）水灰比：下沉过程水灰比一般控制在 1.4~1.5。

12）浆液配制：浆液不能发生离析，水泥浆液要严格按预定配合比制作，用比重计或其他检测手法量测控制浆液的质量。为防止浆液离析，放浆前必须搅拌 30s 再倒入存浆桶；浆液性能试验的内容为比重、黏度、稳定性、初凝、终凝时间。凝固体的物理性能试验为抗压、抗折强度。现场质检员对水泥浆液进行比重检验，监督浆液质量存放时间，水泥浆液随配随用，搅拌机和料斗中的水泥浆液应不断搅动。施工水泥浆液严格过滤，在灰浆搅拌机与集料斗之间设置过滤网。

13）特殊情况处理：供浆必须连续，一旦中断，将铣削头掘进至停供点以下 0.5m（因铣削能力远大于成墙体的强度），待恢复供浆时再提升 1~2m 复搅成墙。当因故停机超过 30min，对泵体和输浆管路妥善清洗。遇地下构筑物时，采取高喷灌浆对构筑物周边及上下地层进行封闭处理。

14）施工记录与要求：及时填写现场施工记录，每掘进 1 幅位记录一次在该时刻的浆液比重、下沉时间、供浆量、供气压力、垂直度及桩位偏差。

15）出泥量的管理：当提升铣削刀具离基面时，将置存于储留沟中的水泥土混合物导回，以补充填墙料的不足。多余混合物待干硬后外运至指定地点堆放。

（二）排水施工工艺

土料场排水应采取截排结合，以截为主的措施。对于地表水应在采料高程以上修筑截水沟加以拦截。对于流入开采范围的地表水，应挖纵横排水沟迅速排除。在开挖过程中，应保持地下水位降至开挖底面 0.5m 以下。

堆石排水体应按设计要求分层实施，施工时不得破坏反滤层。靠近反滤层处用较小石料铺设，堆石上下层面应避免产生水平通缝。

排水减压沟应在枯水期施工，沟的位置、断面和深度均应符合设计要求。

排水减压井应严格按设计要求并参照有关规范的要求施工。钻井宜用清水固壁，并随时取样，绘制地质柱状图，钻完井孔要用清水洗井，经验收合格后安装井管，每口井均应建立施工技术档案。

四、堤防管理

（一）堤防检查

堤防是重要的防洪工程，直接关系工农业的正常生产和人们的生命财产安全。加强堤防检查维修，保证堤防安全是管理上的一项重要任务。俗话说："一寸不牢，万丈无用""千里之堤，溃于蚁穴"。由于江、河、湖、海水位的涨落常会引起堤防迎水坡和滩地被冲刷甚至崩坍，同时堤线长、工程量大，施工中难免有质量标准不够之处。且绵延于城镇与旷野，易遭人、畜及虫兽等损害，更需要及时检查维修和加强管理。

堤防检查一般分为经常性检查、定期检查、特别检查和内部隐患检查。

1. 经常性检查

应指定专人重点检查堤防险工、险段及其变化情况和堤防上有无雨淋沟、浪窝、洞穴、裂缝、渗漏、滑坡、崩岸，有无虫害、兽害活动痕迹，堤基有无渗漏、管涌、流土等破坏现象，护坡护岸有无松动、翻起、塌陷、鼓胀或受冰凌和水的长期冲刷而剥蚀，沿堤建筑物各个部位以及闸门、启闭机、动力设备是否完好，启闭机是否灵活，护堤林木有无损失等等。

2. 定期检查

定期检查包括汛前、汛后或大潮前后、有凌汛任务的河道堤防在凌礼期的检查。汛前或大潮前的检查，主要是对工程度汛问题进行全面细微的检查。同时对河势的变化、防汛物料、防汛组织及通信设备等进行检查，如发现工程有险工、隐患，应及时采取相应措施，确保度汛安全。汛后或大潮后应对工程进行详细检查、测量，摸清堤防损坏情况，为岁修加固提供可靠依据。凌汛期应着重检查沿河边封、流凌和冰块封堵等情况，特别是河道卡口和弯道处应注意有无形成冰坝的危险。

3. 特别检查

当发生特大洪水、暴雨、台风、地震和重大事故等情况时，要进行特别检查，由管理单位负责人及时组织力量，必要时报请上级主管部门及有关单位会同检查。着重检查工程有无损坏和防汛器材动用、补充以及防汛队伍休整等。

4. 内部隐患检查

一般对汛期经常出现险情的堤段，通过人工钻探或机械钻探，探明堤防内部情况。钻探时必须达到需要的深度。钻眼位置，应根据具体情况适当布置，可布置成梅花形，孔距一般为 0.5 m。进钻过程如遇到砂土、黏土、石块、砖头、树根、腐木及空洞等都凭感觉、音响的经验判定。

近年来，有的地方用电法勘探检查堤坝隐患，这种方法可以减少盲目钻孔，缩短工期，节约开支。特别是对勘探堤身内部较大的空洞、裂缝、浸润线部位以及坝基质量问题有较好效果。

5. 堤防管理

（1）工程管理

堤防工程管理工作必须做到以下几点：

1）预留护堤地。堤防两侧必须留有适当宽度的护堤地，绿化造林，以巩固堤防，提高防洪能力。凡过去已预留、征用、划拨的护堤地、废堤、堆土区、土方塘以及江河堤防外滩等，其所有权均归国家，由堤防管理部门管理或承包给当地村、队、个人管理，任何单位或个人不得占用。尚无护堤地的由当地人民政府按河流特征、堤防的重要程度重新划定，险工要段的护堤地应适当加宽。

2）保持堤防完整。无论干堤、支堤或内河堤防，都必须保持其完整性，一定要禁止在堤身或护堤地内耕种、放牧、铲草皮、取土、破坏覆盖层、盖房、挖坑洞以及立窑、打井等有害堤防安全的一切活动。

3）植草和砌石护坡。堤身一般应种植爬根草，防止水土流失。对于堤坡上的雨淋沟、浪坎和堤面上的积水沟要及时填平、修复，或采用灌浆进行处理。

干砌块石护坡要注意在护坡坡脚设置稳固的矩形或梯形砌石基脚，在顶冲堤段坡脚处尚需加铺块石与护岸相连。

4）堤防上一切测量标志、水文观测和通信设施、里程碑以及分界碑等都要妥善保护，护堤坎石严禁搬动。

5）禁止任意毁堤开口。国家机关和集体单位确因建设需要而必须开口的，应事先征得水利主管部门同意，经批准后，才能动工修建。但一定要按期、按质、按量予以堵复，绝不允许留下任何隐患。沿堤兴建涵闸、泵站，埋设各种管道，必须按堤防的重要程度和设计的有关规定确定设计等级，经修防部门同意后报上级主管部门批准。修防部门应检查督促施工质量，已建工程不符合安全要求的，原建单位必须负责加固、改建，废弃的则应清除回填加固。

6）堤顶当作公路的，应经水利部门同意，由交通部门负责加铺路面，经常维修养护，并服从今后堤防加高加固的需要。未铺路面的堤顶，除防汛专用车外，一般不准任何机动车辆通行。

7）城市的港区穿过堤防时应经水利部门批准设置永久性设施。堤防及江河滩地上的违章建筑，须全部拆除，以保证堤身完整和河道的宣泄能力。

8）河道湖泊严禁盲目围垦。

（2）堤防绿化

1）堤岸林布置原则

①堤岸林要按"迎水防浪，背水取材"的原则进行栽种布局。即在迎水面护堤地栽植防浪林；在背水面护堤地栽植用材和经济林。需要特别注意的是，河道中的防浪林应不妨

碍行泄洪水，用材、经济林应不影响防汛抢险。堤身除重要险段要做砌石或混凝土护坡外，一般只宜栽植固堤草皮，以免布置不当给堤防管理造成困难。但堆土的河段以及一般小河和大中沟植树可不受此限。无堤无滩地的河流，只限于两岸植树。

②防浪林营造宽度应以削减风浪并无害于堤防为原则。沿海由于风大浪程又远，一般至少需种几十排。一般河道防浪林带宽度可视滩的情况确定。防浪林带的配置应与堤脚平行，林带内缘栽树要距设计标准的堤脚线 5~10m 以外，以免影响今后堤防加高培厚以及根系横穿堤基造成漏洞。

③为了便于防汛巡堤检查，抢险取土和器材运输，临水的防浪林和背水的用材、经济林应留出垂直堤身的通道，一般防浪林每隔 500m 留一条宽 10m 的通道，用材林、经济林每隔 50m 留一条宽 5m 的通道，背水堤脚向外留一条宽 2~4 m 的顺提通道。

④河道一般堆土较宽，除西侧各栽几行乔木外，应发展一些以刺槐为主的林及条类、桑等，以解决农村能源及发展多种经营，同时乔灌结合，易形成疏透结构，有利于改善两岸农田小气候。

⑤所有的林木、芦苇、条草等种植间伐更新、修枝打杈，不论属国家、集体或专业户所有，都需要服从修防部门的规划安排。

2）树种选择原则

①防浪林。由于河滩地势低洼，汛期树木易涝易溃，特别是平原河道坡降平缓，排水不畅，汛期较长，因此防浪林必须选择耐水湿树种，如旱柳、枫杨等。柳树不仅耐水湿，且在其成活后截去主干，枝叶丛生，形成较大树冠，将其控制在洪水位附近，消刹风浪能力甚强。外滩比较低，但在一般洪水时芦苇又没顶的可种植芦苇，或在柳树以外栽植亦可。

②背水林带。多以用材林为主，结合发展经济林，虽不像防浪林汛期淹没在水中，但其地下水位高，因此要根据地下水位情况选定树种。

③沿海植树。由于黑松耐盐，耐干旱瘠薄，生长快、抗风力强，常绿美观，是我国东部沿海种植的主要树种。

④宽阔的堆土区。在堤顶由于地势高，无渍涝之害，在选择树种时，主要根据气候土质情况及群众生产生活需要而定。新开挖的人工河，由于土壤缺乏肥力，应以耐瘠薄树种为主，应注重发展刺槐、紫穗槐等有固氮作用的树种，以解决农村烧柴问题。

（二）堤防维修加固

堤身经过洪水和风雨侵袭，人畜的破坏，需要经常维修加固。加固的主要内容为消灭隐患，填残补缺，整修险工，加高培厚，堤身迎溜顶冲部位适当砌石护坡。修堤培土时，应尽量选用壤土和沙壤土铺筑外层，以防黏土遇旱干裂，遇湿滑动，遇冻膨胀，影响抗洪能力；淤泥、冻土、含有机物较多的土和死黄土等一般不宜采用。整修堤防要注意清基和层土层夯，土层厚度一般不超过 0.3m，土块要铲碎，杂草要除净。培土宜选在一侧进行，如在渗漏堤段最好在迎水坡一侧填筑，以利防渗。培土前，堤面、堤坡要清理，铲除草根，把堤坡面挖成阶梯状牙口，以利新老土的接合。牙口大小视坡度而言，坡度陡的，牙口宽要大些，坡度缓的，牙口宽要小些。一般牙口高约 0.2m，宽约 0.3m。堤坡上的草皮，维修前也可连根挖取存放，修足标准后再分格栽培。

1. 堤基险工处理

堤基险工主要是堤基渗漏。堤防一般都修建在江河中下游冲积平原上，地质多为层淤层沙的多层结构。每当汛期高水位时，由于地下水渗透压力超过了地表黏土覆盖层土粒的重力，水流极易突破覆盖层涌出地面，形成翻砂涌水等险情，如不及时抢护，带出的沙粒越来越粗，数量越来越大，堤基被淘成空洞，就会造成堤身下陷或堤防溃口事故。堤基渗漏处理方法概括起来，就是"铺、截、导、压"四个字。

（1）铺

铺就是在堤防临水面的堤脚外滩做黏土铺盖，这个方法适用于外滩较宽、黏性土层不厚，或渗水透水性较强，堤脚有较深的顺堤取土塘（沟）的堤段，以增加渗径的长度，以减小水力坡降，减慢渗透流速，防止产生管涌。铺盖材料必须是黏性较大而又不致因堤基变形而招致开裂的，一般可用黏土、砂质黏土、黏土配合土及泥灰建造，土料的渗透系数最好小于 $1 \times 10\text{-}4\text{cm/s}$，如果渗透系数过高，即使加长铺盖也不会显著减小渗漏量，通常要求铺盖的渗透系数要比地基土的渗透系数小 100 倍以上。

（2）截

截就是在堤防临水坡脚开挖明槽，回填黏性土壤，以截断经由堤基透水层的渗透水流或延长其渗径，一般称为抽槽截渗。这种办法适用于透水层不深、宽度不大且厚度小于 3m、人工抽槽能全部将渗流截断的堤段。

人工抽槽的槽底宽度一般采用 2m，边坡大小视施工安全需要而定。

（3）导

导即在堤内翻砂洒水地区修建导渗沟或减压井，一方面通过导渗沟或减压井把水排出，以减少渗透压力，降低堤身没润线，增加堤身的稳定。同时，通过导渗沟或减压井的倒滤层，阻止砂土流失，可以防止堤脚沼泽化和管涌流土等险情的发生。导渗沟适用于黏性覆盖层不厚（小于 5m）同时透水层较单一均匀、厚度较小的地区。导渗沟底宽及断面尺寸应能满足渗透水流的要求，沟底应有一定坡度，使水能顺利流向集水区，沟中分层回填砂石倒滤料，导渗沟一般布置在管涌集中区或该区与大堤之间。但距堤脚不宜太近，以保持足够的渗径和较缓的水力坡降。

减压井适用于黏性覆盖层较厚（大于 5m），渗透压力较大，地下强透水层埋藏较深不易挖穿的地区。一般包括四个部分：

1）井头结构，包括沉淀池、排水管和保护罩，作用是将引水管里的水排出井外。沉淀池的尺寸一般采用 0.8m×0.8m 或 1m×1m 的方池，以一人能下去清洗为宜。

2）引水管，连接井头和滤管，将陈水管里的水引到沉淀池，常用钢管、塑料管、石棉管、陶瓷管等，长度视透水层情况而定。

3）滤管，它是减压井的重要组成部分，其作用是导滤排渗。滤眼的总面积为建管总面积的20%~30%。滤管外面包1~2层钢丝布（特制塑料丝布亦可），布外回填砂土倒滤料。防止细砂随渗水进入滤管。

4）沉淀管，它是滤管最下端的管子，其作用是沉淀穿过倒滤层的少量极细泥沙，然后用高压水泵冲洗出去。减压井造价高，法眼易被泥沙堵塞，施工技术要求也高，但成效显著。

（4）压

压即在管涌砂部地段填土加压，以增加覆盖层的厚度使其重量大于水的渗透压力，以制止产生管涌砂沸。压，最好用砂石等透水材料压，同时可以起导水作用。加压厚度视当地具体条件而定，一般应大于周围覆盖层的厚度。加压后，汛期要注意观察防守。

上述四种方法，各有特定的运用条件，根据具体情况，可以单独采用一种措施，也可混合运用。汛期一般以采取导、压兼施为宜。

2.堤防隐患处理

堤防隐患通常有：内部裂缝（包括纵向、横向和龟纹裂缝）、暗沟、白蚁穴（主巢直径0.8~1.5m）、动物洞穴（狐、獾、鼠、蛇洞穴）、人为洞穴（地窖，宅基，废井，坟墓，废窑等）、穿堤工程回填部位接触渗漏、树根等腐木空穴以及堤内深塘等。以上隐患都应在汛前处理，以免出事。处理措施一般有灌浆与翻修两种，有时也采用上部翻修下部洒浆的综合措施。

（1）灌浆

灌浆对消除渗漏、裂缝等隐患是十分有效而经济的方法。如带药灌浆对防治白蚁、泥鳅、黄鳝钻洞也有成效。

（2）翻修

翻修就是将隐患处挖开，重新回填土料，这是处理隐患比较彻底的办法，适用于不太深的表层。对于埋藏很深的隐患，由于开挖回填土工作量大，且只能在枯水季节进行，是否适宜采用，应根据实际情况进行分析比较后，方可确定。

翻修要求概括起来有以下几点：

1）根据已查明的隐患情况，决定开挖范围，一般应超过隐患范围0.3~0.5m。在开挖中，如果发现新情况，必须跟踪追击，直至全部挖净为止，但不要掏挖。

2）开挖时应根据土壤类别，预留边坡和台阶以防崩坍。

3）在汛期一般不得开挖，如遇特殊情况必须开挖时，应有安全措施并经过上级主管部门批准后方可动工。

4）回填前，如开挖坑内有积水、树根、草根及其他杂质等，应彻底清除。

5）回填土原则上不使用开挖出来的土料，如经鉴定符合要求的亦可采用。

6）回填时应保证达到规定的容重，新旧土结合处应刨毛压实。回填前应检查坑槽周围土体的含水量，如偏干则应将表面润湿，过湿应晾干再进行回填。回填要分层夯实，每层填土厚一般以10~20cm为宜，压实工具视工作面大小而定，特别要注意坑槽边角处的夯实质量。

7）回填的高度应略高于原堤面，以备沉陷。

（3）翻修与灌浆相结合

对于中等程度的隐患，当外江（河）洪水位较高时，或开挖有困难的堤防，不宜全部开挖。可采用上部开挖翻修，下部灌浆的办法。先在上部开挖1~2m预埋灌浆。

（三）护坡（岸）的维修加固

1. 护坡破坏的原因

护坡破坏主要有以下几个方面的原因：对波浪破坏力和要素估计不足；干砌石护坡无基脚或基脚太浅，或无封顶，干砌块石不紧密、缝隙大，片石讲究表面平整美观，对一些扁而宽的块石没有立砌，甚至有架空现象；浆砌块石砌筑时砂浆与块石有缝隙或粘结不牢；混凝土护坡浇筑时，用料质量差，施工马虎，造成混凝土厚薄不一，强度低，以及接缝处理不好；护坡垫层的材料粒径太小，细颗粒可在层间穿越流失，使护层或堤身被掏空；此外还有管理上修理不及时，翻修加固不当；以及牲畜的践踏；蛇、鼠、蚁、獾的挖洞筑巢；堤面流水汇流的冲刷；船舶行驶速度过快，沿护坡抛锚；堆放重物以及剧烈振动的影响等，都会导致护坡的破坏。

2. 护坡的维修加固

护坡的维修加固按修理的性质不同，可分为以下两种情况：

（1）临时性紧急抢护

护坡局部松动脱落，可用砂袋压盖护坡破坏部位。压盖范围应超过破坏边缘0.5~1.0m。厚度应不少于两层，并纵横互叠。当风浪较大，局部护坡已有冲毁坍塌时，可采用抛块石压盖。抛石越集中、越迅速越好。如垫层及堤身已被淘刷，可在压砂袋或抛石前，先抛填0.3~0.5m厚的卵石或碎石。当风浪特大，护坡破坏严重，非上述抢护方法所能抗御时，可放置块石竹笼（或块石铁丝笼）压盖。块石可就地装笼，然后系住石笼的一端，再用木棍撬动就位；如破坏面积较大，可以并列放几排石笼，笼间用铅丝扎牢和填塞块石，防止滚动。

（2）永久性加固修理

永久性加固修理措施，应根据护坡破坏的主要原因，经综合分析比较后，合理选定。

由于护坡原材料质量不好，施工质量差而引起的局部脱落、塌陷、崩塌和滑动等破坏现象，可采取填补翻修的办法处理。首先把紧急抢时所压盖的物料全部清除，并按设计要求把滤层填补完整，然后再按原护坡类型，进行翻修护砌。

1）干砌块（料）石护坡

如因原护坡块石尺寸太小，风化严重，或强度过低和施工质量差而破坏的，应按设计要求选择护坡材料。如因原垫层级配不好，让料流失，引起护坡塌陷破坏的，在护砌前，应按设计要求补充滤料。砌筑时应自下而上地进行，务使石块立砌紧密。对较大的三角缝，应用小片石填塞嵌紧，防止松动。扁平的块石应修整后立砌，砌缝要交错压缝。护坡块石厚度一般为 30cm 左右。施工时，为防止上部护坡塌滑，可逐段拆砌，每隔 1~2m 临时打入一钢钎阻止上部护坡滑下，如做有黏土斜墙截渗的，应防止钢钎插入斜墙。水下部分不能修补的，可抛大块石护脚。

2）浆砌块（料）石护坡

修补前应将松动的石料拆除，并将其灌浆缝冲洗干净，所用石料以近似方形为标准，采用坐浆砌筑。个别不满浆的缝隙，再由缝口填浆捣实，务使砂浆饱满。对较大的三角缝隙，可用手捶嵌入小碎石，做到稳、紧、满。缝口可用高一级的水泥砂浆勾缝。

采用浆砌块石措施加固的护坡，为防止局部破坏掏空后导致上部护城的整体滑动坍塌，可在护坡底部沿堤坡每隔 3~5m 增设一道平行提轴线的阻滑齿墙。

3）堆石护坡填补前应检查堆石体底部垫层是否被冲刷。如已被冲刷，应按滤料级配铺设垫层，其厚度应不小于 30 cm。堆石体填补采用抛石进行。堆石料应有一半以上粒径达到设计要求，最小块石的粒径应不小于设计粒径的 1/4，抛石顺序应先小后大，面层石块越大越好。所用块石要求质地坚硬、密实，不风化、无裂缝和尖锐棱角。抛石后表面应稍加整理，并用小片石填塞空隙，防止松动。堆石厚度一般为 50~90 cm。

4）草皮护坡

如护坡已淘刷成陡坎，应先用土料回填夯实，然后再重铺草皮。对于沙质土堤在铺草皮前应在堤坡上先铺设一层厚约 10~30 cm 的腐殖土。铺草皮最好成块移植，草少的地方也可沿堤坡分格或成行栽种。草皮应铺植"低茎蔓延"的爬根草（或称蜈蚣草）。

5）混凝土护坡

如原来就是混凝土护坡，可将原护坡破坏部位凿毛，清洗干净，然后用同标号或高一级标号的混凝土填补。如原来混凝土厚度不足，需要加厚，可在混凝土板面上再浇筑混凝土盖面。为适应混凝土温度变形和不均匀沉陷等情况，对于现浇混凝土护坡，分块面积以不超过 15 m×20m 为宜。

3. 护岸的加固

护岸是防止河岸冲刷、稳定河势的控导工程。平原河流两岸多系砂质土壤，易受水流冲刷而崩坍。一般护岸工程限于投资和施工时间等原因，抛护范围及工程量往往难于满足护岸保坍的要求，加上水中施工质量不易保证和护岸后河床下切等原因，如不及时处理，常会出现滑挫，河势会向坏的方向发展。为了掌握情况，目前水下工程缺少有效的观测检查手段，通常采用下列方法：

（1）崩岸后每年汛前、汛后各进行水下测量一次，绘制水下地形图、流向线和流速分布曲线，点绘断面图、历年河床冲淤比较图和河势变迁图。

（2）在崩滩埋设基准桩，定期观测岸坡及滩地变化情况，出现险情，及时加测。

（3）搜集整理有关水文泥沙资料。

通过上述资料的分析研究，发现问题，及时采取相应的措施进行加固。一般护岸工程水下坡度小于 1：2 时，必须及时抛石固脚。

第三章 堤防工程堵口技术

第一节 堤防决口

当洪水超过堤防的抗御能力，或者汛期堤防险情发现不及时、抢护措施不当时，小险情演变成大险情，堤防遭到严重破坏，造成堤防口门过流，这种现象称为堤防决口。堤防一旦发生决口，几米甚至十几米高的水流倾泻而下，会直接造成人民生命财产严重损失。决口还会造成严重的生态灾难，对区域社会经济发展造成长期的严重影响。因此，堤防一旦发生溃决，应视情况尽快实施堵复，尽最大努力减小灾害损失，这是经济社会发展和确保社会稳定的必然要求。

一、堤防决口原因

决口产生的原因有以下几种：

1.江河水库发生超标准洪水、风暴潮或冰坝壅塞河道，水位急剧上涨，洪水漫过堤顶，形成决口。

2.水流潮浪冲击堤身，发生坍塌，抢护不及时，形成决口。

3.堤身、堤基土质较差或有隐患，如獾穴、鼠穴、蚁穴及裂缝、陷阱等，遇大水偎堤，发生渗水、管涌、流土、漏洞等渗流现象，因抢堵不及时，导致险情扩大，形成决口。

4.因分洪滞洪等需要，人为掘堤开口，形成决口。

5.地震使堤身出现塌陷、裂缝、滑坡、导致决口。

二、堤防决口分类

堤防决口分为自然决口与人为决口两类。自然决口又分为漫决、冲决和溃决。人为决口又分盗决、扒决，一般统称扒决。

因水位漫顶而决口称漫决；因水流冲击堤防而决口称冲决；因堤坝漏洞等险情抢护不及时而决口称溃决；盗决多是军事相争时以水代兵，达到防御或进攻目的而造成的决口；以分洪等为目的人工掘堤造成的决口称扒决。

三、堤防决口口门类型

根据决口口门过流流量与江河流量的关系，分为分流口门和全河夺流口门两种。根据堵口时口门有无水流分为水口和旱口。水口，是指决口时分流比较大，甚至造成全河夺流，堵口时是在口门仍过流的情况下进行截堵。旱口又叫干口，是指决口时分流比不大，汛后堵口时已断流的情况。

第二节　堤防堵口

一、堤防堵口概述

堵口即堵塞决口。每当决口之后，务须及早堵复，减少和消除溃水漫流形成的危害。

（一）堵口分类与堵口原则

1.堵口分类

根据河流形态、堵口时口门有无水流等情况，堵口可以分为堵水口和堵旱口。

（1）堵水口。在黄河等多泥沙河流上，河床因淤积而逐年抬高，河槽高于两岸地面，形成悬河，一旦决口，会形成全河夺流，如不及时堵口，不仅险情扩大，还会造成河流改道。采取措施拦截和封堵水流，使水流回归原河道，称为堵水口。

（2）堵旱口。如长江、淮河等河流，河床低于两岸地面，决口后只有部分水流被分流，洪水消退后，口门会出现断流。口门自然断流后，结合复堤堵复，称为堵旱口。

2.堵口原则

江河堤防堵口的基本原则是：堤防多处决口且口门大小不一时，堵口时一般先堵下游口门后堵上游口门，先堵小口后堵大口。如果先堵上游口门，下游口门分流量势必增大，下游口门有被冲深打宽的危险。如果先堵大口，则小口流量增多，口门容易扩大或刷深；先堵小口门，虽然也会增加大口门流量，但影响相对较小。如果小口门在上游，大口门在下游，应先堵小口门后堵大口门，但应根据上下口门的距离及过流大小而定。如上游口门过流很少，首先堵上游口门，如上下口门过流相差不多，并且两口门相距很远，则宜先堵下游口门，然后集中力量堵上游口门。在堵口施工中，要不间断地查看水情、工情，发现险情或有不正常现象，立即采取补救措施，以防堵口功亏一篑。

（二）传统堵口技术

1.埽工堵口

埽工堵口为黄河堵口传统技术。所谓埽工，是古代在黄河上用来保护堤岸、堵塞决口、施工截流等的一种水工建筑物。它的每一个构件叫埽个或埽捆，简称埽，小的叫埽由或由。将若干个埽捆累积连接起来，沉入水中并加以固定，就成为埽工。

历史上明代以前的堵口常用的埽工为卷埽，由于卷埽体积大，修做时需要很大的场地和大量的人工，所以，清代对修埽方法进行了改进，即由传统的卷埽改为顺厢埽。

2. 堵口方法及特点

堵口方法一般分为三种，即平堵法、立堵法、平立混堵法。平堵法是沿口门普遍抛投抗冲材料，直至出水，然后在上游截渗，下游修后戗，再加培堤防。抛投抗冲材料的方法一般有三种：一是打桩架桥，由桥上抛投；二是由船定位抛投；三是船上、桥上同时抛投。平堵法的优点是：在施工过程中不产生水流集中的情况，利于施工；所抛成的坝体比埽工坚实可靠，可机械化操作，施工速度快。它的缺点是：用料量大，易倒桩、断桩；抛石体透水性大，堵合后不易闭气，单宽流量过大时，堵合不易成功。

立堵法是由口门两边堤头向水中进筑抗冲材料及加修戗堤，最后集中力量堵复缺口，闭气后修堤。立堵多用埽工，其优点是：便于就地取材，使用工具简单，易于闭气，在软基上堵口有独特的适应性。其缺点是：埽工技术操作复杂，口门缩窄后，由于单宽流量加大，如果河底冲刷严重，埽占易于蛰裂塌陷，造成堵口工程失败。黄河下游为地上悬河，口门流速大，河床抗冲性差，一般采用立堵法堵口，其核心技术是利用埽工进占、合龙、闭气。

平立混堵法是口门一部分用平堵法，一部分用立堵法。

三种堵口方法各有其优缺点，需根据口门情况、堵口条件等综合考虑选定。一般来说口门流速较小且河床抗冲性好，可采用平堵法；反之，多采用立堵法。

3. 传统堵口技术评价

传统堵口技术是无数次堵口实践的经验总结，是历史上众多治河专家和广大劳动人民智慧的结晶。埽工堵口技术具有许多优点，主要表现在：

（1）埽工的整体性好，有优良的抗御水流性能。埽工是由桩绳盘结，使秸、柳等材料形成整体，具有较强的抗冲能力，能满足口门水流冲刷的要求。通过追压土石提高容重，满足抗浮等稳定要求。

（2）埽工所用的主要材料秸料、柳枝、土料均为当地材料，比较容易筹集。

（3）埽工性柔，可适应河底情况，与之密切结合。在厢埽堵口时，埽体能随河底淘刷下沉，可以随沟随厢以达稳定。

（4）修筑埽工，所用工具及设备简单。除船只运土工具外，河工所用的就是碓锤、小斧等小型工器具。

虽然传统堵口技术有许多优点，但目前汛期堵口的堵口要求、堵口条件与历史堵口有很多明显区别，传统堵口技术在现今的防汛实践中有许多不适应，主要表现在：

1）埽工技术以人工操作为主，施工速度较慢。历史上堵口最少也需要几个月时间，显然不能满足汛期快速堵口的要求。

2）汛期堵口，在堵口流量较大时，采用埽工堵口困难较大，没有成功的把握。

3）埽工堵口需要大量的秸料、柳料等，难以在短时间内筹集，且这些材料体积大，存放困难。

4）埽工施工技术较为复杂，在几十年没有进行堵口实践的情况下，目前缺乏全面掌握埽工技术的人员。

综合考虑以上各个因素，很有必要对传统堵口抢险技术在吸收、借鉴的基础上加以改进和发展。

（三）当代堵口技术

1.钢木土石组合坝堵口技术

1996年8月在河北饶阳河段和1998年长江抗洪斗争中，借助桥梁专业经验，采用了"钢木框架结构、复合式防护技术"进行堵口合龙。这种方法将钢管下端插入堤基，上端高出水面做护栏，再将钢管以统一规格的连接器件组成框网结构，形成整体。在其顶部铺设跳板形成桥面，以便快速在框架内外由下而上、由里向外填塞料物袋，形成石、木、钢、土多种材料构成的复合防护层。根据结构稳定的要求，做好成片连接、框网推进的钢木结构。同时要做好施工组织，明确分工，衔接紧凑，以保证快速推进。

钢木土石组合坝堵口技术具有就地取材、施工技术较易掌握、可实现人工快速施工和工程造价较低的特点，荣获了军队科技进步一等奖、国家科技进步二等奖，并向全军和全国推广，取得了显著的社会效益。

2.黄河汛期堵口技术

为适应江河特别是黄河防汛抢险的需要，进一步提高黄河防洪的技术水平，黄河防汛抗旱总指挥部根据国家防汛抗旱总指挥部办公室的要求，进行了黄河堤防堵口新技术专题试验。在总结黄河传统堵口技术的基础上，从黄河下游汛期堵口的实际出发，充分利用新材料、新技术、新设备，对传统堵口技术进行改进，通过理论创新和实践，提出了黄河汛期堵口技术措施，并被国家防汛抗旱总指挥部推广采纳。

二、堤防堵口准备

堵口是一项风险很大的工作，稍有不慎就会导致前功尽弃，水灾不能及早消除，并造成很大的人力、物力浪费。准备工作充分是堵口成功的先决条件。

（一）选择合理的堵口时机

为控制灾情发展，减少封堵施工困难，要在考虑各种因素后，精心选择封堵时机。恰当的封堵时机，有利于堵口顺利实施，减少抢险经费和决口灾害损失。在堤防尚未完全溃决或决口时间不长、口门较窄时，可采用大体积料物（如篷布加土袋或沉船等）抓紧时间抢堵。当决口口门已经扩大，现场又没有充足的堵口料物时，不必强行抢堵，否则不但浪费料物，也无成功机会。为控制灾情发展，减少封堵施工困难，要考虑各种因素后，精心选择封堵时机。

堵口时间可根据口门过流状况、施工难易程度等因素确定。为了减轻灾害损失，尽快恢复生产，堵口料物、人员、设备备齐后，可以立即实施堵口。通常情况下，为减少堵口施工困难，多选在汛后或枯水季节，口门分流较少时进行堵复，但最迟应于第二年汛前完成。情况允许时，也可以选择汛期洪峰过后实施堵口。海塘堤堵口应避开大潮时间，如系台风溃口，台风过后利用落潮时实施抢堵。

（二）定期进行水文观测和河势勘查

在封堵施工前，必须做好水文观测和河势勘查工作。要实测口门宽度，绘制口门纵横断面图，并实测口门水深、流速和流量等水文要素。可能情况下要勘测口门及其附近水下地形，勘查口门基础土质，了解其抗冲流速值。具体做法如下：

1. 水文观测。定期实测口门宽度、水位、水深、流速、流量等。

2. 口门观测。定期实测口门及附近水下地形，并勘探土质情况，绘制口门纵横断面图、水下地形图及地质剖面图。

3. 建立口门水文预报方案，定期做出水文、流量预报。

4. 定期勘查口门上下游河势变化情况，分析口门水流发展趋势。

（三）选择堵口坝基线

堵口前应先对溃口附近的河势、水流、地形、地质等因素做出详细调查分析，慎重选择堵口坝基线位置，在确定坝基线时必须综合考虑口门流势、口门附近地形地质、龙门口位置、老河过流情况引河位置、挑水坝位置及形式、上下边坝位置等多种因素。坝基线位置选择合理，会减轻堵口难度；若选择不合理，则影响堵口进度，甚至造成前功尽弃的后果。

对于主流仍走原河道，堤防决口不是全河夺流的溃口，口门分出一部分水流，原河道仍然过流，堵口坝线应选在门口跌塘上游一定距离的河滩上。因为滩地地面较高，可以省工省料，堵复过程中水位高，有利于分流入原河道，减少口门流量。但滩面很窄时，应慎重考虑。如不能选择上游的河滩，堵口坝基线也应选在分流口门附近，这样进堵时部分流量将趋入原河，溃口处流量也会随之减小。但应特别注意，切忌堵口坝基线后退，造成入袖水流。因为入袖水流具有一定的比降和流速，在入袖水流的任何一点上堵塞，均需克服其上水体所挟的势能。

对于全河夺流溃口，为减少高流速水流条件下的截流施工难度，在河道宽阔并有一定滩地的情况下，可选择"月弧"形堤线，以有效增大过流面积，从而降低流速，减少封堵施工困难。因原河道下游淤塞，堵口时首先必须开挖引河，导流入原河，以减小溃口流量，缓和溃口流势，然后再进行堵口。堵坝基线位置的选择，应根据河势、地形、河床地质情况等决定。一般堵坝基线距引河口 350 ~ 500 m 为宜。若就原堤进堵，坝基线应选在门口跌塘的上游；若河道滩面较窄，就原堤进堵时距分流口门太远，不利于水流趋于原河，则堵坝基线可选在滩面上。但是，在滩地上筑坝不易防守，只能作为临时性措施，堵口合龙后，应迅速修复原堤。

在堵口坝线上，选水深适当、地基相对较好的地段，预留一定长度作为合龙口，并在这一段先抛石或铺土工布护底防冲，两端堵复到适当距离时，在此集中全力合龙。

（四）选择堵口辅助工程

为了降低口门附近的水位差，减少口门处流量和流速，堵口前可采用修筑裹头、开挖引河和修筑挑水坝等辅助工程措施。根据水力学原理，精心选择挑水坝和引河位置，以引导水流偏离口门，降低堵口施工难度。开挖引河是引导河水出路的措施，应就原河道因势利导，力求开通后水流通畅。引河进口应选在门口对岸迎流顶冲的凹岸，出口选在不受淤塞影响的原河道深槽处。在合龙过程中，当水位过高时，适时开放引河，分泄一部分水流，以减轻合龙的压力。另外，合龙位置距引河口不宜太远，以求水位高时有利于向引河分流。为便于引河进水，缓和口门流势，应在引河口上游采用打桩编柳修建挑水坝，坝的方向、长度以能导水入引河为准。

1. 修筑裹头

堤防一旦溃口，口门发展速度很快，其宽度通常要达 200~300 m，甚至更宽才能达到稳定状态。如能及时抢筑裹头，就能防止险情的进一步发展，减少封堵难度。及时抢筑坚固的裹头是堤防封堵口门的重要工作，是堤防决口封堵的关键之一。

2. 开挖引河

对于堵塞发生全河性夺流改道的溃口，必须开挖引河时，引河进口的位置可选择在溃口的上游或下游。前者可直接减小溃口流量，后者能降低堵口处的水位，吸引主流归槽。若引河进口选择在溃口上游，则宜选择在溃口。上游对岸不远的迎流顶冲的凹岸，对准中泓大溜，造成夺流吸川之势。如果进口无下唇，尚需修建坝埽，以助吸溜之力。引河出口应选在溃口下游老河道未受或少受淤积影响的深槽处，并顺接老河。此外，应考虑引河开挖的土方量、土质好坏、施工难易程度等。在类似黄河这种游荡型河流上开挖引河，前人有"引河十开九不成"的说法，故通常只能在堵塞夺溜决口时，由于下游河床淤塞才开挖引河，以助分流，一般不宜采用。

3. 修筑挑水坝

设计有引河的堵口工程，可在引河进口上游修筑挑流坝，其作用有二：一是挑溜外移，减轻口门溜势，以利于进筑正坝；二是挑溜至引河口，便于引水下泄，以利于合龙。引河进口在溃口下游者，挑流坝应建在堵口上游的同一岸，挑流入引河，并掩护堵口工程。引河进口在溃口上游者，挑流坝所在河岸视情况而定，以达到挑流目的，通常多修建在引河进口对岸的上游。没有开挖引河的堵口工程，必要时也可在溃口附近河湾上游修建挑流坝，以挑流外移，减小溃口流量和减轻水流对截流坝的顶冲作用。

挑流坝的长短应适中，过短则挑流不力，达不到挑流目的；过长则造成河势不顺，并可能危及对岸安全。若溜势过猛，可修建数道挑流坝，下坝与上坝的间距约为上一坝长的2倍，其方向以最下的坝恰能对着引河进口上唇为宜，不得过于上靠或下挫。

总之，引河、堵口线、挑水坝三项工程，要互相呼应、有机配合，这样才能使堵口工程顺利进行。

（五）堵口方案与施工准备

根据上述水文、口门上下地形、河势变化以及筹集物料能力等，分析研究堵口方案，进行堵口设计，对重大堵口工程还应进行模型试验。

堵口施工要稳妥迅速。开工之前要布置堵口施工现场，并做出具体实施计划。必须准备好人力、设备，尽量就地取材，按计划备足料物。施工过程中要自始至终，一气呵成，不允许有停工待料现象发生，特别是在合龙阶段，决不允许有间歇等待现象。组织有经验的施工队伍，尽量采用现代化的施工方式，备足施工机械设备及工具等，提高抢险施工效率。

（六）组织保障

堤防堵口是一项紧迫、艰难、复杂的系统工程，需要专门的组织机构负责组织实施。堤防发生决口后，应立即按照堤防溃口对策方案的要求，在采取应急措施的同时，由政府及防汛指挥机构尽快组成堵口总指挥部（包括堵口专家组）。堵口总指挥部应全面负责堵口工作，包括堵口工程方案，实施计划的制订，组织人员，筹集物资、设备，组织堵口工程施工等方面。堵口总指挥部应组织完备、纪律严明、工作高效，这是堵口顺利实施的有效保障。

（七）料物估算

堵口工料估算要依据选定的坝基线长度和测得的口门断面、土质、流量、流速、水位等，预估进堵过程中可能发生的冲刷等情况，拟定单位长度埽体工程所需的料物，从而估出工程的总体积。根据黄河堵口经验，估算料物的方法如下。

1.埽占体积计算

埽占的体积等于埽占工程长度、宽度与高度三者的乘积。

（1）工程长度：按实际拟修坝基线长度计算。

（2）工程宽度：埽占上下为等宽，计算宽度按预估冲刷后水深的1.2~2.0倍计算。口门流速小，河床土质好，冲刷浅，可取1.2~1.5倍，否则取1.5~2.0倍。

（3）工程高度：埽占的高度为水上、水下、入泥三部分之和。水下深度考虑进占口门河床冲刷，按实际测量水深的1.5~2.0倍计算，河床土质不好，易于冲刷的取2.0倍，否则取1.5倍。入泥深度取1.0~1.5 m，水上出水高度取1.5~2.0 m。

2.正料计算

正料是指薪柴（秸、苇、柳等）及土、石等。薪柴一般用一种，不足时再用其他一种或两种，甚至多种。土或石也是如此。平均每立方米埽体约需秸料80 kg、柳料180 kg、苇料100 kg。平均每立方米埽体约需压土0.5 m³、用石0.3 m³、用麻料约10 kg。

3. 杂料计算

杂料是指木桩、绳缆、铅丝、编织袋、麻袋蒲包等。木桩一般用柳木桩，要求圆直无伤痕。铅丝以 8 号及 12 号使用最多，用于捆枕和编笼。

三、堤防堵口截流

堵口方法主要有立堵、平堵、混合堵三种。

堵口时具体采用哪种方法，应根据口门过流情况、地形、土质、料物储备以及参加堵口工人的技术水平等条件，综合考虑选定。

（一）立堵法

立堵是由龙口一端向另一端或由龙口两端，沿设计的堵口坝基线向水中抛投堵口材料，逐步进占缩窄口门，最后留下缺口（龙门口），备足物料，周密筹划，抢堵合龙闭气。立堵不需在龙口架桥，准备工作简便，容易根据龙口水情变化决定抛投技术，造价也较低，为堵口中采用的基本方法。随着立堵截流龙口的缩窄，流速增长较快，水流速度分布很不均匀，需要单个质量较大的截流材料及较大的抛投强度，而截流工作前沿较狭窄，在高流速（流速大于 5 m/s）区，一般大体积物料（32~70t 左右）抛料，以满足抛投强度。

采用立堵法，最困难的是实现合龙。这时，龙口处水头差大，流速高，采用巨型块石笼抛入龙口，以实现合龙。在条件许可的情况下，可从口门的两端架设缆索，以加快抛投速率和降低抛投石笼的难度。

此处以黄河下游过去常用的堵口方法加以说明。根据进占和合龙采用的材料、施工方法和堵口的具体条件，立堵法又可分为捆厢埽工进占和打桩进占两种。

1. 捆厢埽工进占

利用捆厢埽堵口是我国黄河上 2000 多年来 1 000 多次堵口积累发展下来的经验。此法相当于陆地施工，施工方便、迅速，所用材料便于就地选取，且不论河底土质好坏，地形如何，都能与河底自然吻合，易于闭气，尤其在软基上堵口，具有独特的优点。

在溃口水头差较小、口门流势和缓、土质较好的情况下，可采用单坝进占堵合，即用埽工做成的单坝，由口门两端向中泓进占。坝顶宽度约为预估冲刷水深的 1.2 ~ 2 倍，最窄不小于 12 m。埽坝边坡为 1：0.2。坝后填筑 5~10 m 宽的后戗，背水坡的边坡系数为 3~5。

在溃口水头差较大、口门流势湍急，且土质较差的情况下，可采用正坝与边坝同时进占，称为双坝进占。正坝位于边坝上游 5~10 m 处，两坝间填筑黏土，称为土柜，起隔渗和稳定坝身的作用。正坝顶宽 16~20 m，其迎水面抛石防护；边坝顶宽为预估冲刷水深的 1.0-1.5 倍，最窄不小于 8 m。

无论单坝进占或双坝进占，后戗必须随坝进占填筑，以免埽工冲坏。当口门缩窄至上下水头差大于 4m，合龙困难或龙口坝占有被冲毁的危险时，可考虑在门口下游适当距离，再修一道坝，称为二坝，使水头差分为两级，以减小正坝的水头差，利于堵合。二坝也可用单坝或双坝进占，根据水势情况而定。此外，还可以在后戗或边坝下游围一道土堤，蓄积由坝身渗出的水，壅高水位，降低渗水流速，使泥沙易于停滞而填塞正坝及边坝间的空隙，帮助断流闭气，即所谓的养水盆。

合龙口门水深流急，过去常用关门埽筑合龙，但因埽轻流急，易遭失败。近年来改用柳石枕合龙，并用麻袋装土压筑背水面以断流闭气，比较稳妥。当水头差较小时，可用单坝一级合龙；当水头差较大时，可用单坝和养水盆，或正坝和边坝同时二级合龙；当水头差很大时，则更可用正坝、边坝、养水盆同时合龙。

2. 打桩进占

一般土质较好，水深小于 2~3 m 的口门，在门口两端加筑裹头后，沿堵口坝线打桩 2~4 排，排距 1.2~2 m，桩距 0.3 ~ 1.0 m，桩入土深度为桩长的 1/3 ~ 1/2，桩顶用木桩纵横相连。桩后再加支撑以抵抗水压力。在桩临水面用层柳（或柴草等）、层石（或土袋）由两端竖立向中间进占，同时填土推进。当进占到一定程度，流速剧增时，应加快进占速度，迅速合龙。必要时，在坝前抛柳石枕维护，最后进行合龙。

（二）平堵法

平堵法一般是在选定的堵坝基线上打桩架设施工便桥，桥上铺轨，装运柳石枕、块石、土袋等，在溃口处沿口门宽度自河底向上层抛投料物，逐层填高，直至高出水面达到设计高度，以堵截水流。

平堵法多用于分流口门水头差较小、河床易冲的情况。按照施工方法的不同，又可分为架桥平堵、抛料船平堵、沉船平堵三种。抛料船平堵适用于口门流速小于 2 m/s 时，直接将运石船开到口门处，抛锚定位后，沿坝线抛石堆，至露出水面后，再以大驳船横靠于块石堆间，集中抛石，使之连成一线，阻断水流。沉船平堵是将船只直接沉入决口处，可以大大减小通过决口处的过流流量，从而为全面封堵决口创造条件。在实现沉船平堵时，最重要的是保证船只能准确定位，要精心确定最佳封堵位置，防止沉船不到位的情况发生。采用沉船平堵措施，还应考虑到由于沉船处底部的不平整，使船底部难与河滩底部紧密结合的情况，必须迅速抛投大量料物，堵塞空隙。平堵坝抛填出水面后，需于坝前加筑埽工或土袋，阻水断流，背水面筑后戗以增加堵坝稳定性和辅助闭气。

（三）混合堵法

当溃口较大较深时，采用立堵与平堵相结合的方法，可以互相取长补短，称为混合堵法。堵口时，根据口门的具体情况和立堵、平堵的不同特点，因地制宜，灵活采用。混合堵法一般先采用立堵进占，待口门缩窄至单宽流量有可能引起底部严重冲刷时，则改为护底与进占同时进行合龙。也有一开始就采用平堵法，将口门底部逐渐抛填至一定高度，使流量、流速减小后，再改用立堵进占。或者采用正坝平堵、边坝立堵相结合的方法。堵口合龙后，为了防止合龙埽因漏水随时有被冲开的危险，必须采取措施，使堵坝迅速闭气。

四、堤防堵口闭气

龙口为抢险堵口时预设的过流口门。龙口的宽度，在平堵过程中宽度基本保持不变；在立堵过程中龙口宽度随戗堤进占而缩窄，直至最后合龙。合龙后，应尽快对整个堵口段进行截渗闭气。因为实现封堵进占后，堤身仍然会向外漏水，要采取阻止断流的措施。若不及时防渗闭气，复堤结构仍有被淘刷冲毁的可能。一般的方法是在戗堤的上游侧先抛投反滤层材料，然后向水中抛黏土或细颗粒砂砾料，把透过堆石戗堤的渗流量减少到最低限度。土工膜等新型材料也可用以防止封堵口的渗漏，亦可采用养水盆修筑月堤蓄水以解决漏水。

五、堤防堵口复堤

堵口所做的截流坝，一般是临时戗起来的，坝体较矮小，质量差。达不到防御洪水的标准，因此在堵口截流工程完成后，紧接着要进行抢险加固，达到防御洪水的标准要求。汛后，按照堤防工程设计标准，进行彻底的复堤处理。复堤工程的设计标准、断面、施工方法及防护措施有以下几方面的要求：

1. 堤顶高程。由于堵口断面堤质薄弱、堤基易渗透、背水有潭坑等弱点，复堤高度要有较富裕的超高，还要备足汛期临时抢险的料物。

2. 堤防断面。一般应恢复原有断面尺寸，但为了防止堵口存有隐患，还应适当加大断面。断面布置常以截流坝为后戗，临河填筑土堤，堤坡加大，水上部分为 1∶3，水下部分为 1∶5。

3. 护堤防冲。堵口复堤段，是新做堤防，未经洪水考验，又多在迎流顶冲的地方，所以还应考虑在新堤上做护堤防冲工程。水下护坡，以固脚防止坡脚滑动为主，水上护坡以防冲、防浪为主。

第三节　黄河传统堵口截流工程

一、裹头

裹头，就是在堵口之前先将口门两边的断堤头用料物修筑工程裹护起来，防止继续冲宽、扩大口门，是堵口前的一项重要工程。

（一）裹头方案

裹头是将决口口门两边的断堤头用抗冲材料进行裹护。它的作用：一是防止堤头被冲后退，口门继续扩大，增加堵口难度；二是为埽工进占生根创造条件。裹头前必须制订切实可行的裹头方案，提前做好截流的各项准备。裹头方案需要研究确定裹头的时机、位置、预留口门宽度、裹护次序、方法等。

1. 裹头的必要性。裹头是否修做要根据口门流势确定。如口门已充分发展，溜走中泓，两边堤头均不冲塌，则无必要再专门修裹头，可以通过进占加以裹护；如溜偏下游堤头，有冲塌现象，而上游堤头不靠溜，甚至出浅滩，则仅裹护下游堤头而不必裹护上游堤头；如准备就堵，堵口在即，上下堤头仍受溜被冲，则上下均应赶修裹头。黄河历史决口多发生在汛期，堵口多在非汛期进行，堵口时口门流量较小，溜常偏下游堤头，因此应修单裹头，但一些老河工为安全起见，上下裹头多同时修建。

2. 裹头时机。堤防决口后原则上应立即将两堤头裹护，以防口门扩大，控制口门过流，减少淹没损失。但过早裹头，堵口不能立即进行，则口门刷深，裹头有可能被冲垮，失去裹头作用。因此，裹头时机取决于三个因素：一是准备工作；二是后续洪水大小；三是距堵口时间的长短。核心问题是裹头安全。如准备工作充分、人料具备，可以早裹，即使有较大洪水或暂时不能堵口，口门有了较大刷深，也可通过抢险加固确保裹头安全。历史上，受条件限制，黄河汛期决口、非汛期堵口前根据情况修做裹头，汛末决口常赶做裹头。

3. 裹头位置。裹头位置一般在口门两边断堤头现状位置。有两种例外情况：一是决口时过流较大，口门迅速展宽，堵口前过流变小，断堤头前出滩，这时可先筑滩上新堤，至水边或浅水内，然后裹头，防止冲刷，此时裹头位置在口门内；二是口门发展迅速，裹头难以修做，这时宜从断堤头后退适当距离，开挖沟槽修做裹头，待靠溜后再抢险加固，称截裹头，此时裹头位置在口门外。

4. 预留口门宽度。历史上，一般在堵口前口门都得到一定程度的发展，尤其是全河夺流的口门，发展到一定宽度后流势比较稳定，展宽速度减弱，裹头后口门一方面发展受到限制，另一方面冲深也不致过于加大，有利于堵合。具体口门宽度依据上游来水、口门分流比及堵口时间等因素确定。

5. 裹护次序。一般将上游裹头称上坝头，下游裹头称下坝头。由于下坝头多顶流分水，故裹护次序为先下坝头后上坝头。如工料充足，亦可同时裹护上下坝头。

6. 裹护方法。裹头有三种修做方法：一是用搂厢裹护；二是用长枕裹护；三是搂厢与长枕结合裹护。无论采用哪种方法裹护都要求堤头正面要完善坚固，两端要有足够长度藏头护尾以防止正流回流淘刷。

在制订裹头方案时应对上述 6 个方面统筹考虑，综合比较，选择合理的裹头位置、裹头时机和裹头方法，发挥裹头作用，为堵口创造良好的进占条件。

（二）裹头施工

裹头要求坚固耐冲，能有效地防止口门扩大。裹头长度应根据口门流势确定，除受正溜部位需要裹护外，上下游回溜段也要给予裹护，即做好藏头护尾，以保安全。裹头宽度

一般15~20m。裹头高度:水下考虑裹头后最大冲刷深度,水上出水1~2 m。施工要求如下:

1. 削坡打尖。将断堤头陡坡削至1∶1的边坡,上下游尖角削成圆头。目的是使裹护体与堤头紧密结合,防止溃膛险情发生。同时整修堤顶,使裹头有一平整开阔的施工场面。

2. 裹护顺序。裹护残堤头与厢埽同。首先必须藏住头,然后向下接续厢修,才能稳妥。所以,残堤头无论上斜或下斜,在坝头上跨角以上都靠溜时,上坝应先做上跨角以上埽段,然后接续下厢,接做裹头埽段;下坝一般是顶溜分水,比较吃重,应先厢修最紧要的顶溜分水堤段,并特别注意用家伙要重些,以防出险,然后再向下游接修防护埽段,将溜势导引外趋。由于下坝受溜顶冲,淘刷严重,所以在做裹头时,如工料充足,能上下坝同时进行当然最好,否则应先在下坝头严重地区修护,然后再修他处。

3. 裹护方法。在堤头正面,一般都是用一整段大埽来裹护,其上下首加修护崖埽、鱼鳞埽或耳子埽等,以维护首尾,防正、回溜冲刷。在做残堤正面的裹头时,应先将上跨的斜角打去,然后捆长枕,从上跨角到下跨角把残堤头整个护住。

裹头与上下首护埽均为丁厢,一般埽宽7~10 m。但如修裹头与正坝进占相距时间不长时,也可将裹头埽段改为顺厢,以便于将来进占时,易于密切结合。如系丁厢,在进占时还须将衔接处丁厢部分扒去,改为顺厢,然后才能向前进占。

4. 截头裹。如从残堤头退后至适宜地段做裹头时,应先从老堤坝上挖槽,其深度最小在背河地面下1~2 m,边坡为1∶1,槽底宽最少需要4 m。厢修旱埽裹头的次序与上面所述不一样,可先做正面裹头埽,然后再做上下首的护埽,具体做法与一般抢险厢埽段相同。

5. 加固。裹头之后口门常会刷深,尤其是采用搂厢裹护后,底部会形成悬空,至一定程度后会发生局部墩蛰或前爬等险情,为此需要加固。一般采用抛枕加固法,抛枕出水1.0m左右,如发现枕有下蛰现象可续抛加固。

二、正坝

正坝即堵口进占的主坝,是自裹头或进占前按坝轴线方向盘筑的坝头开始至龙门口一段坝基。由上裹头生根修的坝称上坝,由下裹头生根修的坝称下坝。

(一)正坝方案

正坝是堵口骨干工程,必须有足够的御水能力,为此要求有一定的长度、宽度和高度,修筑时务求稳实,尽量减少出险。

在制订正坝修筑方案时必须确定好坝轴线。坝轴线一般有三种形式,向临河凸出者称为外堵,与原堤线一致者称为中堵,向背河凹入者称为内堵。外堵的形式运用最多,适用于口门前有滩地的情况。中堵适用于口门较小,或过流不大,或口门土质较好,或无法外堵等情况。内堵适用于无法外堵,中堵口门较深,土质不好,困难较大,而口门跌塘范围不大,水深较浅等情况。内堵兜水,修守较难,是不得已而为之,因此一般不采用。

外堵法采用较多是因为外堵法有许多优点。临河一般都有一定宽度的滩地、坝轴线选择余地大；滩地水深一般较口门处水深浅，易于进占筑坝；上坝可起挑溜作用，减少进入口门水量；下坝顶水而进可起分流作用，同样会减少进入口门水量；坝轴线可靠近老河或新河，水位抬高后有出路，减少进占和合龙压力；无入袖河势，埽体易于修筑，偶有下拜也有调整余地。缺点是坝体迎水面（临河面）尤其是上坝迎水面冲刷较深，需要抛投大量料物，及时固根。

对于部分分流的口门，因原河道仍走河，正坝宜建于两河的分汊附近。这样两坝进堵、水位抬高之后，能将部分水流趋入正河，利于堵口施工。对全河夺流的口门，坝轴线与引河的距离既不能太远（远则不易起到配合作用），又不宜太近（近则对引河下唇的兜水吸流不利），一般以 300～500 m 为宜。如两岸均系新淤嫩滩，坝基线应选在门口跌塘上游。当河道滩面较宽时，若坝轴线仍选在靠近跌塘上游，距引河分流的进口太远，则水位必须抬高到一定程度才能分流下泄，这会使坝基承受较大的水头，易出现危险，这种情况宜在滩地上另筑围堤堵口。

（二）正坝进占施工

一般较大的堵口工程，正坝总长约 500 m，宽度根据水深流势确定，一般为水深的 1.2~2.0 倍，实用时从安全考虑，不得小于 12 m，而且受船长限制不得超过 25 m。如水深超过 20 m，需加宽，可用抛枕等方法外帮。过去有人认为坝的高度一般应出水 5 m，也有人认为应出水 2 m。

正坝进占，每占长一般为 17 m。如坝长及合龙口门宽已定，则上、下坝坝长不一定是 17 m 的倍数，而是必有一占小于 17 m，此小占一般修在裹头上，称盘坝头或出马头，是正坝挂缆出占的基础，务求坚实。

进占前需做好各项准备工作，其中与进占直接有关的准备工作有以下几个方面：

1.捆船。捆船即对用于搂厢用的船进行修改加固，如拆除舵舱、加固船身、捆设龙骨等。其他用船如提脑船、揪艄船、倒骑马船、托缆船等也要做适当加工。

2.捆锚。捆锚是对提脑、揪艄、倒骑马等受力较大的船所用铁锚要进行加固，以防意外。

3.拉船就位。将五种船牵拉至设计位置。

4.打根桩。根据布缆需要在坝面打各种绳缆根桩。

5.布缆。布缆包括占绳、过肚绳、底钩绳等。一端系于根桩上，一端活系于船的龙骨上，其中过肚绳由船底穿过。

正坝进占施工的主要步骤和工艺要点如下：

（1）编底、上料。捆厢船顺水流方向停靠于筑坝处，缆绳拴好后即可进占。先将各缆绳略微松开，撑船外移，使各绳均匀排列，再用若干小绳横向连接成网状，以控制绳距并防漏料，然后上料。船沿站站若干人持长杆拦料，使占前料物整齐并便于下沉。

（2）活埽。新占上料高 3~4 m，与设计坝基顶平，这时需要使占前滚，即使占前进加长。方法是在埽前集中人员喊号跳跃（此称跳埽），使料一面下沉，一面前移。为防意外，捆厢船、提脑船和揪艄船在松缆绳时，均要掌握适度，密切配合。第一次活埽后，再上料，再活埽，如此经过 2~3 次，即可达到一占占长。当与预定长度差 2 m 时，在底钩绳上生练子绳，另一端亦搭于龙骨上，然后再加料至计划占长。活埽后埽高出水 1.0m，进占时如水深流急、活埽效果不明显要多上人。当发现埽后可能钻裆时，在新埽后要加压花土。

（3）打抓子，安骑马。在两次活埽后，于第一次活好的埽面上下倒眉附近，每 2.5 m 打 1 副对抓子，并于腰桩拴系，目的是使上下倒眉间料不松动，占前头活埽时不影响其后埽内的稳定。另外在占上每 2 m 打拐头骑马 1 副，使新旧占紧密结合。在占长为 6 m 以上时拐头骑马改用倒骑马，并拉于上游倒骑马船上，防止新占下拜。如此前进，直至计划占长。

（4）搂练子绳和底钩绳。将所有练子绳搂回埽面并拴于签桩上，同时搂 6~7 根底钩绳并经腰桩拴于埽后或老埽根桩上。已搂回的练子绳、底钩绳均用死扣活鼻还绳，以备下坯使用。

（5）压土紧绳。由埽两边压土成路，再至前眉，然后由前眉向后加压，压土厚度 0.1 ~ 0.2 m。压土后练子绳变松，要拔起签桩后拉再打入占肚，使绳变紧，以发挥搂护前料作用，至此底坯完成。

（6）续厢。在底坯上上料高 2 m，在倒眉处每 2 m 下对抓子，搂回全部练子绳和 6~7 条底钩绳，同时还绳。接着下揪头，下暗家伙，用碎料压盖，上土厚 0.2 ~ 0.3 m，拉紧各绳缆。当发现船因料压土斜倾，影响安全时，可稍松占绳和过肚绳，使占沉船升，保持平稳。至此，头坯搂厢完成。

在头坯埽面上上料高 2 m，打对抓子，搂练子绳、底钩绳并还绳，压土、紧绳、松过肚绳、占绳等，第二坯搂厢完成。如此进行，直至埽体"到家"，搂回所有占绳、底钩绳，追压大土，则一占即告完成。

第二占除不打过肚绳根桩及拴过肚绳外，其他均与第一占相同。最后一占金门占，除高度略高、下口略外伸、包角要加强，以及必要时加束腰绳搂护等外，其他与第一占基本相同。

正坝进占施工注意事项如下：

1）每占头几坯应料多土少，后几坯应料少土多。埽末抓底前，先压小花土，土厚不全覆盖秸料，然后渐压大花土，土厚 0.2~0.4 m；埽抓泥后方可压大土，厚 0.5~1.5 m。以体积计，1 m³ 秸料压土 0.5 m³ 土。花料应分层打，2m 料高可分 3~4 小坯，以达到密实。

2）每占压大土后要调整过肚绳、占绳。调整幅度根据船的倾斜度和埽占出水高度，由掌埽人与占面管理人和捆厢船负责人商定。

3）各种明家伙的根桩、顶桩，在埽末抓底前应打在新占上，抓底后应打在老占上，或隔一占的老占上。

4）埽占包眉有铡料包眉、整料包眉、小枕包眉三种方法，依具体情况选用。

5）运用家伙时，头几坯宜用硬家伙，中坯宜用软家伙，必要时兼用软硬家伙，埽占抓泥后宜用硬家伙。

6）当一占完成后必须全面检查，确认稳定后再开新占，发现埽没有或全部到底，占前眉不平整等现象时，应慎重处理，以策安全。

7）随时注意埽的上游侧冲刷情况，如走流较急、刷深严重，应采取抛枕等措施固根。

三、边坝

边坝就是修在正坝两边或一边的坝。根据位置的不同，分为上边坝和下边坝。

（一）边坝方案

当正坝进筑到一定长度后，因水深溜急，再筑困难较大，这时就要开始修建边坝，用以维护正坝，降低正坝进筑难度。位于正坝迎水面外侧的边坝称为上边坝，其主要作用是逼溜外移，降低正坝受溜强度。在上边坝与正坝之间的土柜填筑后使得两坝连成整体，增强了御水能力。位于正坝背水面外侧的边坝称为下边坝，其主要作用是减轻回溜淘刷，维护正坝安全，降低进筑难度。在正坝与下边坝之间的土柜填筑后使得两坝也连成整体，除御水能力增强外，也有利于正坝闭气。

堵口修有正坝、上边坝和下边坝者称三坝进堵；如口门下游还修有二坝和二坝的上边坝则称为五坝进堵。用坝多少，由口门宽窄、水深大小、溜势变动临背悬差等因素确定。上边坝因紧过大溜，修筑较难，1910年以后不再采用。下边坝有正坝掩护，修筑较易，土柜闭气效果较好，因此一般都予以采用。在制订堵口方案时，尤其是采用透水性极大的柳石搂厢进占筑坝时，下边坝不应轻易放弃。

（二）边坝进占施工

因上边坝已不采用，故现称边坝均指下边坝。

边坝长度取决于始修位置。一般在正坝开始进筑时，水浅溜缓，可不用边坝，只有在正坝下游侧回溜较大、后戗难以进筑时才开始修边坝，因此边坝长度一般都小于正坝长度。边坝宽度一般为水深的 1.0~1.5 倍，边坝出水高度约为水深的 3/5。

边坝也采取捆厢船进占修筑，其施工步骤和工艺要点同正坝。边坝与正坝之间的距离即是土柜宽度。过宽工程量大，过窄难以起闭气作用，根据经验，一般为 8~10 m。边坝后戗顶宽一般为 5~10 m，边坡 1:3~1:5，当水中浇筑时，受动水干扰，边坡可达 1:8~1:10。

由于土柜和后戗作用不同，填筑土料要求也不相同。土柜因用以隔渗闭气，需用黏性土，后戗因用以导渗，需用沙性土。

在正边坝进占期间，土柜、后戗均同时向前浇筑，一般比边坝后错半占。但正边坝合龙后土柜、后戗应协调浇筑，土柜浇筑过快，边坝合龙占可能被挤出；后戗浇筑过快，土柜内易生埽眼，处理困难。

四、合龙

截流工程从两端开始，逐渐向中间进占施工，最后在中间接合，称合龙，亦称合龙门。

（一）合龙方案

合龙是堵口中最为关键的一项工程，稍有不慎就会导致堵口失败，历史上因合龙出问题而导致堵口失败的常有发生。因此，在制订堵口方案时对合龙工程要慎之又慎，实施前必须组织严密、准备充分，实施时统一领导、统一指挥、团结一致、一气呵成。

在制订合龙方案时需要研究解决的技术问题包括：合龙位置及宽度的选择；合龙方法的选择；正坝、边坝、二坝合龙次序的选择；合龙前及其合龙过程中的口门及老河或引河水位流量变化观测等。

1. 合龙位置的选择。合龙时所留口门称龙门口，位置确定主要考虑因素是口门附近河势流向、坝轴线处土质状况、距引河口距离等。当口门溜势基本居中、上下坝进筑比较均衡时，龙门口位置可选择在坝轴线中部附近；当口门溜势偏于口门下坝头、下坝进筑难度较大，甚至不能进筑时，则龙门口位置选择在口门下坝头附近；当坝轴线处的河床土质不均、存在较厚黏土层时，龙门口应尽量选择在黏土分布区，这时合龙会因冲刷变小而减少许多困难。龙门口位置靠近引河口有利于合龙壅水分流下泄。合龙位置的选择对合龙成功与否关系很大，应综合考虑，多方比较，慎重确定。

2. 龙门口宽度的选择。合龙需要一气呵成，不能间断，以防意外。龙门口过宽，筑坝任务减轻了，但合龙任务加大了，不利于一气呵成；龙门口过窄、筑坝任务重，防守困难，如合龙准备不足，时间延后，则位于龙门口两边的金门占长时间处于急流冲刷状态，安全受到威胁，也不利于合龙。因此，龙门口宽度应根据流势、土质、合龙方法及合龙时间等确定。根据经验，采用合龙占合龙时，因绳缆承载能力有限，龙门口宽度一般较小，大多不超过 25 m；采用抛枕合龙时，因枕对金门占本身有保护作用，口门可宽一些，但一般不超过 60 m。

3. 合龙方法的选择。合龙一般采用合龙埽和抛枕两种方法。合龙埽合龙能使龙门口短时断流，效果直观明显，但技术复杂，稍有疏忽便会出事，危险性大。抛枕合龙的优点是稳打稳扎，步步为营，比较安全可靠；缺点是枕间透水性大，闭气比较困难，需要严加防护。

4. 合龙次序的选择。合龙除正坝需要合龙外，边坝、二坝都需要合龙，正坝是堵口的主体，应先合龙，边坝、二坝都是堵口的辅助工程，应稍后合龙，以降低合龙难度。正坝、二坝、边坝合龙间隔时间越短越好。

5. 水文观测。堵口前，在门口附近进行地形测量时，需在门口、老河、引河等位置设若干水文观测断面，开展水位流量观测。堵口过程中，一般每日观测 2~4 次，合龙时加密，必要时每小时观测 1 次，以指导堵口工作。根据口门过流变化，调整堵口进度和加固措施，根据口门合龙后下游过流量即闭气前口门渗水量调整闭气措施和速度。口门过流观测包括口门宽度、深度、上下游水位差等，为使观测计算准确，一般在口门下游水流比较平稳处设 1~2 个断面，以便校核。

（二）合龙施工

合龙方法主要有合龙埽合龙和抛枕合龙两种。正坝合龙两种方法均可采用，前者 20 世纪前普遍采用，后者 20 世纪后采用较多。边坝和二坝合龙一般都采用合龙埽合龙。现将正坝采用合龙埽和抛枕两种方法的施工步骤和工艺要点介绍如下。

合龙埽合龙施工适用龙门口宽 10~25 m 的情况，一般上口比下口宽 2~3 m。具体步骤如下：

1. 合龙前准备工作。由于合龙事关堵口成败，难度较大，因此合龙前准备工作很多要求很高，主要包括人员组织指挥调整、工具料物储备、口门检查与船只撤除金门占前沿合龙枕的捆扎与安放、合龙缆和龙衣的布设等。合龙缆和龙衣的布设方法是：在两金门占上各打桩 4 排，称为合龙桩。将合龙缆拉过龙门口两端均活扣于合龙桩上，间距 0.3~0.5 m，缆长 133 m，然后用麻绳结网，此称龙衣。网眼呈方形，边长 0.15~0.20m，网的长宽与龙门口大致相等。网结成后用长杆做心，卷成捆状，由一岸放于合龙缆上，另一岸用引绳牵拉，将龙衣铺于合龙缆上。在铺放龙衣过程中，由数人横躺龙衣上，一边推卷前进，一边用小绳将龙衣与合龙缆扎紧，随滚随扎，直到对岸，此称滚龙衣。

2. 做合龙埽。先在龙衣上铺一层料，便于人员行走操作，然后分坯上料、分坯打花土，按坝轴线方向中间高、两边低，呈凸出形，至一定高度后，上压土袋，也是中间高、两边低。如预估的埽高度可大于水深，可一次松绳即能使埽到位，则埽算做成。如预估松绳后埽不能到位，则松绳使埽接近水面，继续加厢，至大于水深高度，方法同前。

3. 松缆。这是合龙埽合龙施工中最紧张、最严肃的一项工作。松缆不好，可出现卡埽、翻埽等重大事故，故要求事前做好人员分工和训练，各负其责，听从号令，统一指挥，松缆速度、松缆长度都必须听锣音进行，不得有一点差错，同时控制骑马的船也要密切配合，以不使埽扭转下败，最终使埽平放入水，均匀下沉，直至到位。

4. 加厢。埽到位后，挂好合龙缆，继续上料，追压大土，直到高于两金门占为止，合龙方算结束。

抛枕合龙施工中，抛枕合龙龙门口可适当放宽至 30~60 m，以减轻进占难度。

抛枕合龙捆枕软件一般采用柳料。用柳捆枕，抢险加固埽体时可为散柳，合龙时则为柳把，使用柳把捆枕速度快，可缩短合龙时间。抛枕合龙步骤一般是捆柳把、捆枕、推枕、加厢等。具体步骤如下：

（1）捆柳把。柳把捆扎可在后方料场进行。捆扎后运至金门占码放备用。柳把直径为 0.15~0.20 m，长 10~16 m。用 18 号铅丝或细绳捆扎，间距 20~30cm。要求柳梢头尾搭压，表面光滑，搬运不折不断。

（2）捆枕。枕长一般 10~20 m，直径为 0.8~1.0 m，根据需要亦可适当变更。捆枕先在金门占前沿进行，先将占前顺水流方向放一枕木，按垂直水流方向每 0.4~0.7 m 放一垫桩，垫桩粗端搭于枕木上，使垫桩向口门倾料，坡度约 1 : 10，每两垫桩间放一捆枕绳或 12 号铅丝。然后将 4 ~ 5 条柳把铺于垫桩上，排石一半时于枕中间穿一长绳，此称龙筋绳，然后再排另一半石。排石时应大石在里、小石在外，排成枣核形。然后在石周围放柳把，用捆枕绳扎紧。

（3）推枕。先在金门占后老占上打 2 根桩，将枕两端的龙筋绳分别拴于桩上。每垫桩 1 人，听号令掀起垫桩将枕推抛于水下。推枕时因水深流急，应先推下首，后推上首，可控制枕被冲下移，但上下首入水时间不能间隔太长，否则会使枕站立翻倒或折断。另外，在枕下滚过程中，龙筋绳应予控制。一是使枕的上首不过早入水；二是使入水后的枕贴岸面。在枕入底前，龙筋绳始终保持一定紧度，过紧绳易断，过松则枕漂移。最后根据龙筋绳的松紧度判定枕到位后，将绳活扣于桩上。

（4）加厢。待枕全抛出水 0.5 m 后，即应停抛，用料在枕上加厢，每坯料厢成后打对抓子、压大土、包眉，如此直至高出金门占为止。

五、闭气

正边坝都合龙后，占体缝隙还会透水，应赶紧浇土填筑土柜和后戗，使之尽快断绝漏水，称为闭气。

（一）闭气方案

闭气指堵截合龙坝段渗透水流的工程措施。在进筑正坝、边坝过程中，正坝与边坝间的土柜及边坝背水面的后戗都要跟随进筑，因此透水问题已基本解决，唯合龙后因透水较大，需采取专门措施进行截堵，才能奏效。无论过去堵口还是现在堵口，因不闭气导致功败垂成的例子很多，必须引起足够的重视。在制订闭气方案时，需要根据口门附近地形情况、合龙方式等选择合理的闭气方法并筹备相应工具、料物。闭气的基本方法有以下五种：

1. 边坝合龙法。边坝合龙视水流情况可采用合龙埽合龙，也可采用搂厢合龙，无论采用哪种方法合龙，都必须追压大土，同时赶修土柜和后戗。在正坝采用抛枕合龙时，还必须于临河侧大量抛投土袋或土袋加散土，以减缓水流渗入，降低边坝合龙难度。

2. 门帘埽法。在合龙段临河侧做一长埽，形同门帘，封闭透水。设计门帘埽需注意三点：一是门帘埽长度要超出合龙口门的宽度，目的是封堵合龙埽或枕与金门占之间的透水；二是门帘埽的深度必须全部达到要求，以封堵合龙埽底透水；三是合龙埽或枕顶部要追压大土，使其变形密实，堵塞透水。

3. 养水盆法。养水盆法闭气是在口门背河选择适当地点修一月堤，将渗水圈围，使口门临、背河水位持平，从而达到自行闭气。

4. 临河月堤法。临河月堤法是在合龙口门段临河先修一月堤，将口门圈围，然后填黏性土料，完成闭气。

5. 如果堵口时坝前流量较小，可直接填黏土（或土袋加黏土）闭气。

以上五种闭气方法各有优劣。边坝合龙法适用于有边坝的情况，单坝进堵则无此条件。门帘埽法虽能有效阻止透水，但修工较长，用料较多，且不耐久，必须加大后戗断面，方能持久闭气。临、背河筑月堤效果直观明显，但用土较多，如地势低洼，临河有流，修筑比较困难。因此，以上五种方法需因地制宜地选用，必要时选两种方法结合使用，如门帘法与养水盆法同时使用等。

（二）闭气施工

由于闭气方法不同，施工步骤和工艺要点也不相同。现分别简述如下：

1. 边坝合龙闭气。边坝可采用合龙埽或搂厢合龙。合龙后如渗漏严重，应迅速浇筑土柜、后戗，于坝身追压大土，于合龙处临河抛填土袋。如渗漏不甚严重，则仅填筑土柜、后戗，也可辅以追压坝身大土。施工时应视具体情况确定。

2. 养水盆法闭气施工。采用单坝进占堵口，或采用双坝进占边坝不合龙或合龙后渗漏仍较大时，可采用养水盆法闭气。

修筑养水盆即背河月堤的方法是首先选择地势较高处确定月堤轴线，然后由坝身生根填上进筑月堤，如水深较大，可先铺软件做底，再在其上填土做堤，最后于龙门口处进占合龙，后锁闭气。月堤高度一般应高于堵筑时临河最高水位0.5m以上，如正坝用枕合龙，底部透水性较大，月堤高度应进行二次加高，至防洪水位。月堤顶宽与边坡应视水深、土质等确定。

3. 门帘埽闭气施工。门帘埽闭气施工适用于埽眼或缝隙渗漏比较大、边坝合龙或养水盆合龙比较困难的情况，因此是一种辅助性的闭气方法。当正坝合龙口门有水流冲刷时，也可兼做御水工事。它的修做方法与一般埽工无甚区别。

4. 临河月堤。临河月堤可用土料填筑，也可打桩厢料修筑，或可搂厢进筑。最终闭气侧依靠在月堤内填土。此法多用于抛石合龙平堵口门，施工也比较简单。

第四节　当代堵口技术

一、黄河汛期堵口技术

为适应黄河防汛抢险的需要，提高黄河防洪的技术水平，黄河防汛抗旱总指挥部进行了堤防堵口新技术研究，利用新材料、新技术、新设备，对传统堵口技术进行了改进，现将其研究成果介绍如下。

（一）上裹头方案

随着新材料、新技术的推广应用，土工合成材料在河道整治工程中得到了较广泛的应用。近年来黄河上应用充沙长管袋水中进占筑坝、模袋混凝土用于护底护坡、管袋式软体排用于抢堵堤防漏洞等技术，取得了良好的效果。上裹头采用管袋式软体排，管袋内可充填土、砂子、石子等，半圆头用若干个上窄下宽的管袋式排相互搭接而成。顶部呈半圆形，临河侧防护 100 m，作为藏头。背河侧防护 50 m，防止回流淘刷。

（二）下裹头方案

1. 先在后退一定距离拟修裹头处的大堤临河侧 40 m 长的范围内，抛投大网兜土袋或巨型土工包，抛投后顶宽达到 10m 作为将来搂厢的依托，并为搂厢做好藏头，同时进一步拓宽搂厢的工作面。

2. 部分修作搂厢。下裹头的正面及上跨角受水流冲刷较大，可在上跨角修作搂厢，外抛柳石枕；下跨角等其他部位以抛大柳石枕、大铅丝网石笼为主，各 5m 宽。为了防止正溜和回溜淘刷，断堤头的临河堤坡 100m，背河堤坡 50m 要进行裹护，以藏头护尾。

3. 在搂厢之前先在堤顶挖槽至接近临河水位，临河侧先抛投部分柳石枕以减缓水流的冲击。为使柳石枕能迅速落到底，要增加柳石枕的石料用量。然后再将底层搂厢做起，待靠水后继续加修。

4. 搂厢以柳石为主，可以充分利用就近险工上的备防石。软料用柳料，当筹集困难时，可用尼龙绳大网兜装秸料等代替。

5. 充分利用先进的运输机械，以及研制的抢险新机具等。如用大型自卸车运输石料、柳料、大网兜等，利用电动捆抛枕机、钢桩及快速旋桩机。充分利用机械设备工效高、强度大、能连续作业的优势，并辅以人工，从而大大提高抢险效率，做到快速、高效施工。

（三）护底方案

近代堵口有对河底采取防冲措施的记载，如 1922 年利津宫家堵口用美制钢丝网片铺垫以防冲刷河床。郑州花园口堵口，也曾拟修筑护底工程，计划用柳枝、软草编织成宽柴排，上压碎石 0.5 m，防止冲刷河底。1958 年位山截流工程中采用了抛柳石枕护底的措施，并取得了较好的防冲效果，这说明了堵口中采取护底防冲是一种必要的措施。

近年来在水利、水运等行业大量使用土工合成材料软体排护底，如长江口采用大型铺设船进行软体排护底。黄河上因无法使用大型船舶，加之堵口时的特殊条件限制，无法进行单纯性的软体排铺放。为此，提出了能漂浮在水面上的充气式土工合成材料软体排的护底防冲方案。

充气式土工合成材料软体排基本构架是：软体排由上下两层管袋和两层管袋间的一层强力土工合成材料构成。上层管袋做填充压重材料之用；下层管袋充气，其产生的浮力能承受填充压重材料等软体排的全部重量和少量施工人员及所携带小工具的重量。上下层管袋轴线相互垂直布置，在充气、填充压重材料之后，可使软体排有一定刚度，状如浮筏。充气式软体排尺寸大小确定受口门区的水流条件及施工设备制约，一般来说较大的软体排护底防冲效果好，但给施工带来困难。通过模型试验和可行性施工资料，最后确定充气式软体排在充起状态下总尺寸为：72 m×30m×1.08m（长 × 宽 × 高），排面积 2088.6 m²，重量为 11 545.9 kN，单位面积实际重量为 5.5 kN/m²。

软体排由排体和夹紧装置两部分组成。夹紧装置主要起固定和牵引作用，排体是护底防冲的主要部分。使用时先将下管袋充气，使整个软体排展开并漂浮于水面，然后向上管袋填充压重材料，整个充气式软体排即可形成。软体排前端需要采用夹紧装置夹持软体排牵引边，牵引的绳索通过夹紧装置使土工合成材料受力均匀，避免因局部受力过大造成软体排破坏。当软体排到达规定位置的水面后，通过抛锚方式固定软体排，然后有控制地放掉下管袋中的空气，使软体排平稳下沉，对河底起防冲护底作用。

（四）进占方案

1.进占坝体平面布置

堵口坝轴线位置根据口门附近水流地形、土质等情况来确定，所以要做好口门附近纵横断面图、河床土质及水位、流量、流速等的测验工作。根据历史堵口经验，堵口坝轴线宜布置在口门上游，并尽量避开口门的冲刷坑，以减少堵口进占难度和进占工程量。根据有关模型试验成果，堵口坝轴线选定在口门上游，呈圆弧形，顶点向临河凸出 80.0~140.0 m（距断堤轴线）。

2.进占方案

根据"易操作、进度快，并能就地取材"的堵口工程技术要求，结合沿岸堤防险工有大量备防石料、沿岸堤防有 50.0~100.0 m 的淤背区的实际，黄河堤防堵口进占技术方案为采用自卸汽车运输大体积土工包、钢丝网石笼抛投入水进行进占立堵。这种进占方法，采用的土工包、钢丝网石笼，加工简单、储运方便，土料、石料可就地取材，机械设备普遍存在，进占体水下稳定性好、适应变形。

（五）合龙方案

历史上黄河堵口合龙大都是采用合龙埽或柳石枕进行，也有结合沉船、平堵进行的，成功都没有很大的把握。但认真分析研究每次堵口合龙的事例，也给人们很多的启示：柔性料物优于刚性体，单一的立堵或平堵不如混合方案可靠。

合龙时水深、流急，需要高强度地抛投大体积工程材料。根据目前的工程技术和施工手段，可以采取如下技术方案：在完成护底软体排铺放后，用船将充沙长管袋抛在护底软体排上，加强护底，且将水深变浅（起到平堵的作用），然后再抛投巨型铅丝网石笼立堵合龙。

（六）闭气方案

合龙后，由于巨型铅丝网石笼占体存在较大的空隙，龙门口还有较多的漏水，直接在占体后填土闭气比较困难，需要在占体采取闭气措施，减少占体漏水。

（七）堵口工程组织实施

1. 施工总体平面布置

根据决口堤段的实际情况和堵口施工的要求分述如下：

（1）施工道路：除利用堤顶道路（大部分已硬化）作为主施工通道外，可在大堤背河坡上开挖成 4 m 宽的临时道路通往附近的上堤路口，并作为空车返回道路。必要时，应对部分临时道路进行硬化，以满足施工的需要。

（2）裹头施工区：清除裹头堤段及邻近 100m 堤段内的树木等杂物，并将此范围内的堤防削低至超出洪水位 1.0 m，以扩宽堤顶至 20 m 左右，作为裹头的施工作业区。

（3）筑坝进占作业区：在口门两边临河滩地积水基本已退完时，及时在滩地上填筑筑坝作业平台，以满足进占施工需要。

（4）水上施工作业区：在口门附近河道内的缓流区，作为舟桥组拼、护底软体排充填泥浆制备的水上作业区，并在邻近滩地上填筑施工平台。

（5）材料加工区：靠近口门的淤背区（宽 50~100 m）作为材料堆放加工区。

（6）生活区：设在淤背区。

（7）料场：石料取自口门附近险工备防石，必要时可从较近的石场运进；装填土工包、长管袋的土料取自附近淤背区的沙土；用于填筑后戗和用于临河闭气的土料取自淤背区的表层黏性土。

2. 实施步骤

根据堵口工程总体方案，按时间顺序，叙述如下：

（1）发生决口后，立即关闭小浪底水利枢纽的所有闸门，相继关闭三门峡水利枢纽的闸门，拦蓄洪水。相继关闭故县、陆浑枢纽的闸门拦水，利用引黄涵闸分水，尽力减少堵口进占和合龙时的河道来水。

（2）同时，组织在离断堤头一定距离（间距 300 m，下游可后退多些）大堤的临河堆筑防冲体（铅丝网石笼、柳石枕或土袋），遏制口门发展速度。

（3）黄河防汛抗旱总指挥部组织成立堵口总指挥部，尽快制订堵口方案，编制堵口工程实施计划，着手组织人员和筹集物资、设备。

（4）同时，组织清除口门两侧 500m 范围内的树木等杂物，并适当削低堤顶扩大场地；在堤的背河坡开挖施工道路；解决现场通信和照明。

（5）做好水文预报、口门区水流监测、冲刷情况观测等工作，为堵口方案的制订提供依据。

（6）从两断堤头后退一定距离（间距 500 m，下游可后退多些）开始裹头。

（7）在口门下游堤的临河侧选择一处较静的水域，组装、充填护底软体排。

（8）在裹头基本稳定时，按设计的坝轴线由两裹头进占堵口，在预定的龙口部位铺放软体排护底。

（9）在护底软体排铺放完成后，在其上抛投充沙长管袋。

（10）抛投巨型铅丝石笼进行合龙。

（11）在合龙占体前抛投土工包和铺管袋式软体排截渗，占后填土闭气。

（12）进一步加固加高坝体，使其满足防洪要求。

二、钢木土石组合坝封堵决口技术

（一）基本原理及结构

钢木土石组合坝封堵决口技术是将打入地基的钢管纵向与横向连接在一起，用木桩加固，形成能承受一定压力和冲击力的钢木框架，并在其内填塞袋装碎石料砌墙，再用土工布、塑料布等材料进行覆盖，形成具有综合抗力和防渗能力的拦水堤坝。

1. 基本原理

设计的钢木土石组合坝内的钢木框架是坝体的骨架，钢木框架在动水中是一种准稳定结构，它具有一种特殊的控制力，这种力能将随机抛投到动水中的、属于散体的袋装土石料集拢起来，并能提高这些散体在水下的稳定性，而它自身将随抛投物增多并达到坝顶时，其稳定状态就由准稳定变成真正意义上的稳定，这就是钢木土石组合坝的原理。运用这个原理，可以根据决口处的水力学、工程地质、随机边坡等方面的资料，设计钢木土石组合坝用于封堵决口。一般采用弧形钢木框架集拢土石料，运用土工织物做防渗体，从而形成具有综合抗力和防渗能力的防护堤坝。

从受力情况看：

（1）钢管框架阻水面小，减缓了洪水对框架的冲击力。

（2）以钢管框架为依托，构筑了一个作业平台，为打筑木桩等作业创造了条件。

（3）钢木框架设计成弧形结构主要是为了提高合龙的成功率。因为河道堤防决口，在决口处往往形成一道或几道较深的冲沟，如果直接跨过决口，堵口坝在深沟处就难以合龙。因水深、流速大，如果向上游一定距离填筑堵口坝，一来因过水断面大，流速就相对决口处要小一些，比较容易合龙；二来堵口坝可避开深沟流速大的弊端，提高堵口合龙的成功率。于是堵口坝在形式上就形成了向上游弯的拱形，简单来说就是要避开较深的冲沟，避开较大流速，容易合龙。拱矢高可根据冲沟上沿长度而定。

（4）可有效地将抛投物集拢在框架内使之具有较强的抗力，提高坝体的整体性和稳固性。

（5）背水面的斜撑桩和护坡对直墙坝体起到了加强与支撑作用。

2. 基本结构

钢木土石组合坝的基本结构是由钢木框架、土石料直墙、斜撑和连接杆件、防渗层组成。这种结构的主要作用如下：一是钢框架阻水面小，减缓了洪水对框架的冲击力；二是以钢框架为依托，为打筑木桩、填塞等作业创造了条件；三是可有效地将抛投物控制在框架内，避免被洪水冲走，随着抛投物料的增加，累积重力越来越加强了坝体的稳定性，从而形成较稳定的截流坝体，使之成为具有较强抗力的坚固屏障。

（二）钢木土石组合坝的组成

钢木土石组合坝是在洪水急流的堵口位置先形成上、中、下三个钢管与木桩组成的排架，接着用钢管将上、中、下三个排架连接成一个三维框架，随后将袋装土石料抛投到框架内。当框架被填满时即成为堵口建筑物的主体。在坝体上游侧设置一块足够大的土工织物做防渗体，钢木土石组合坝即可用来堵口截流达到防洪目的。这样形成的堵口建筑物，改变了传统的以抛投物自然休止形成戗堤模式的堵口，很大程度上靠三维框架体的重力，而不是靠洪水急流、口门边界条件及抛投物等参数来支持结构的稳定，但是抛投物在动水中定位，仍然是呈随机性，使此坝的分析较之一般土石坝更为复杂。

钢木土石组合坝的稳定性与口门的行近流速、水深等外部因素及坝基宽度、钢管排架数量、圆木桩数量、土石料数量等内部因素密切相关。

（三）钢木土石组合坝平面布置

一般情况下河道堤防决口处，因水头高、流速大，该处的冲刷深度较离口门稍远处要大，显然要在决口处实施堵口工程就困难得多。为避开原堤线决口处的不利因素，使之顺利堵口，工程上常用月牙堤（拱形轴线戗堤）予以解决。具体来讲就是将堵口戗堤按圆拱、抛物线拱或其他形式的拱轴线布置堵口坝。按拱轴线布置堵口戗堤，既符合工程力学原理，又可避开决口冲刷的深坑，使工程顺利建成。在诸多形式拱轴线中，以抛物线拱最为合理。

（四）钢木土石组合坝堵口戗堤的施工方法

1. 在实施堵口时，先沿决口方向偏上游一定距离植入第一排钢管桩，钢桩间距 1 m，再在其下游 2.5 m 距离按相同方向和间距植入第二排和第三排钢管桩，上述钢管桩均打入地基 1.5 m 左右，当植完三排纵向钢管桩之后，下三层水平连接。至此，三维钢管框架形成。此后用木桩加固上述三排纵向钢管桩，木桩入土中也是 1.5 m，并用铅丝将木桩和钢管桩捆结实。木桩间距：第一排间距为 0.2m；第二排间距为 0.5 m；第三排间距为 0.8 m。至此，三维钢木框架即告建成。

2. 接着用人工将碎石袋装料抛投到钢木框架内填至坝顶后首段钢木土石组合，坝即告建成。整个堵口工程是逐段设钢木框架随之填袋装碎石，再向前设钢木框架并随之填袋装碎石，直至最后封堵门口实现合龙。

3. 当行将合龙的口门两侧距离为 15~20 m 时，钢木框架结构不变，为加强框架的支撑力，在框架的上、下游两侧加设 40° 的斜杆支撑件，斜杆间距上、中、下三排分别为 0.5 m、0.8 m、1.2 m，斜杆布设后快速抛投填料，以便最后合龙。

4. 对已填筑的钢木土石戗堤用同种土石袋料进行上下游护坡砌筑，并于上游侧形成的不小于 1：0.5 边坡上铺设两层 PVC 土工织物（中间夹一层塑料薄膜），作为堵口坝的防渗层。当口门水深不超过 3 m 时，该防渗层两端应延伸至口门外原堤坡面 8~10m，并用 2~3 m 厚的黏性土跨防渗层 PVC 的边 2 m（决口范围增至 4~6 m）压坡脚。

（五）作业方法步骤

在这项技术运用实践中，分如下四个阶段组织施工：

1. 护固坝头

护固坝头俗称裹头，通常分三步进行：

第一步，根据原坝体的坚固程度和现有的材料，合理确定其形式。如原坝体较软，应先从决口两端坝头上游一侧开始，围绕坝头密集打筑一排木桩，木桩之间用 8 号铁丝牢固捆扎。

第二步，在打好的木桩排内填塞袋装土石料，使决口两端坝头各形成一道坚固的保护外壳，制止决口进一步扩大。

第三步，设置围堰。护固坝头后，应在决口的上游 10~20 m 处与原坝体成 30°角设置一道木排或土石围堰，以减缓流速，为框架进占创造有利条件。若决口处水深、流急、条件允许，也可在决口上游 15~20 m 处，采取沉船的方法，并在船的两侧间隙处设置围堰。

如是较坚硬的坝堤，在材料缺乏的情况下，也可以用钢管护固坝头，然后用石料填塞加固。

2. 框架进占

框架进占通常分以下五步实施：

第一步，设置钢框架基础。首先在决口两端各纵向设置两级标杆，确定坝体轴线方向，然后从原坝头 4~6m 处坝体上开始，设置框架基础。先根据坝顶和水位的高差清理场地，而后将钢管前后间隔 1~2m，左右间隔 2~2.5 m 打入坝体，入土深度 2 m 以上，顶部露出 1 m 左右。然后，纵、横分别用数根钢管连接成网状结构，并在网状框架内填塞袋装石料，加固框架基础，为进占建立可靠的"桥头堡"。

第二步，框架基础完成后，设置钢框架，按 4 列桩设计，作业时将 8 根钢管按前后间隔 1~1.5 m、左右间隔 2~2.5 m 植入河底，入土深度 1~1.5m，水面余留部分作业护栏，形成框架轮廓。框架的尺寸设计是根据水流特性和地质及填塞材料特性而确定的。然后，用 16 根钢管作为连接杆件，分别用卡扣围绕立体钢桩，分上、下和前、后等距离进行连接，形成第一框架结构，当完成两个以上框架时，要设置一个 X 形支撑，以稳固框架；同时，用丁字形钢管在下游每隔一个框架与框架成 45°角植入河底，作为斜撑桩，并与框架连接固定。最后在设置好的框架上铺设木板或竹排，形成上下作业平台，以便人员展开作业。

第三步，植入木桩。首段钢框架完成后即可植入木桩。其方法是将木桩一端加工成锥形，沿钢框架上游边缘线植入第一排木桩，桩距 0.2 m；沿钢框架中心线紧贴钢桩植入第二排木桩，桩距 0.5 m；最后，沿钢框架下游植入第三排木桩，桩距 0.8 m。木桩入土深度均不小于 1 m。若洪水流速、水深不大，除坝头处首段框架和合龙口外，其余可少植或不植入木桩。缩小钢桩间距的方法在实践中效果也比较可靠。

第四步，连接固定。用铁丝将打筑好的木桩分上下两道，连接固定在钢框架上，使之形成整体，以增强框架的综合抗力，如木材不能满足时也可以加密钢桩，防止集拢于框架内的石料袋流失。

第五步，填塞护坡。将预先装好的土石子袋运至坝头。土石子袋要装满，以提高器材的利用率，并适时在设置好的钢木框架内自上游至下游错缝填塞，填塞高度为 1~2 m 时，下游和上游同时展开护坡。护坡的宽度和坡度要根据决口的宽度、江河底部的土质、流量及原堤坝的坚固程度等综合因素确定，通常情况下成 45°，坡度一般不小于 1：0.5。

当戗堤进占到 3~6m 时，应在原坝体与新坝体结合部用袋装碎石进行加固（适时填塞可分 4 路作业），加固距离应延伸至原坝体 10~15 m。根据流速、水深和口宽还可以延长。

3. 导流合龙

合龙是堵口的关键环节，作业顺序通常按以下五步实施：

第一步，设置导流排。当合龙口宽 15 ~ 20 m 时，在上游距坝头 20~30m 处与坝体约成 30° 角，呈抛物线状向下游方向设置一道导流排，长度视口门宽度而定，并加挂树枝或草袋，也可用沉船的方法，以达到分散冲向口门的流量，减轻合龙口的洪水压力。

第二步，加密设置支撑杆件。导流排设置完毕后，为稳固新筑坝体，保证合龙顺利进行，取消钢框架结构中框架下部斜撑杆件间隔，根据口宽和流量、水深，还可以增加戗体支撑，以增强钢框架抗力。

第三步，加大木桩间距。为减缓洪水对框架的冲击，合龙口木桩间距加大：第一排间隔约 0.6 m；第二排间隔约 1 m；第三排间隔约 1.2 m。

第四步，快速连通钢木框架，两侧多点填塞作业，提高合龙速度。

第五步，分层加快填塞速度。合龙前，在门口两端适当位置提前备足填料，缩短传送距离，合龙时，两端同进快速分层填料直至合龙。

4. 防渗固坝

对钢木土石组合坝戗堤进行上、下游护坡后，在其上游护坡上铺两层土工布，中间夹一层塑料布，作为新筑坝的防渗层。防渗层两端应延伸到决口外原坝体 8~10m 的范围，并压袋装土石放于坡面和坡脚，压坡脚时，决口处应不小于 4 m，其他不小于 2 m。

合龙作业完成后，应对新旧坝结合部和拢合口处进行重点维护，除重点加固框架外，上下游护坡亦应不断加固。

第四章　堤防施工质量控制要点与方法

第一节　土料填筑碾压筑堤控制要点

一、填筑碾压控制的主要内容

1. 堤坝土体填筑工程全过程。

2. 土堤包边盖顶工程。

二、土料碾压筑堤的控制要点

1. 上堤土料的土质及含水率应符合设计和碾压试验确定的各项指标要求，在现场以目测法为主，辅以简易试验做参考。如发现料场土质与设计要求有较大出入时，应取代表性土样做土工试验。

2. 土料沙质土的压实指标按设计干密度值控制，砂料和沙砾料的压实指标按设计相对密度值控制。

3. 压实质量检测的环刀容积，应经过有资质的单位进行校正，对细粒土不宜小于 100 cm³（内径 50 mm）；对砾质土和沙砾料不宜小于 200 cm³（内径 70 mm）。含砾量多环刀不能取样时，应采用灌砂法或灌水法测试，若用《土工试验方法标准》规定方法以外的新测试技术时，应有专门论证资料，经质监部门批准后实施。

4. 质量检测取样部位应符合下列要求：

（1）取样部位应有代表性，且应在面上均匀分布，不得随意挑选，特殊情况下取样需注明部位、高程。

（2）应在压实层厚的下部 1/3 处取样，若下部 1/3 的厚度不足环刀高度，以环刀底面达下层顶面时环刀取满土样为准，并记录实压厚度。

（3）用核子密度仪检测干密度时，事先应由有资质证明单位对核子密度仪进行校验，在使用过程中要经常用环刀法与其做对比试验以确保其精度。

5. 质量检测取样数量应符合下列要求：

（1）每次检测的施工作业面不宜过小，机械筑堤时不宜小于 600 m²，人工筑堤或老堤加高培厚时不宜小于 300 m²。

（2）每层取样数量：施工单位自检时可控制在填筑量每 100~150 m² 取样 1 个，抽检量可为自检量的 1/3，但至少应有 3 个。

（3）特别狭长的堤防加固作业面，取样时可按每 20~30m 一段取样 1 个。

（4）若作业面或局部返工部位按填筑量计算的取样数量不足 3 个时也应取样 3 个。

6. 在压实质量可疑和堤身特定部位取样抽检时，取样数视具体情况而定，但检测成果仅作为质量检查参考，不作为碾压质量评定的统计资料。

7. 每一填筑层自检、抽检合格后方准上土，凡取样不合格的部位，应补压或做局部处理，经复验至合格后方可继续下道工序。

8. 土质质量评定按单元工程进行，并应符合下列要求：

（1）单元工程划分：筑新堤宜按工段内每堤长 200~500 m 划分一个单元，老堤加高培厚可按工段内每 5000 m³ 划分一个单元。

（2）单元工程的质量评定是对单元堤段内全部填土质量的总体评价，由单元内分层检测的干密度成果累加统计得出其合格率，样本总数应不少于 20 个。

（3）检测干密度值不小于设计干密度值为合格样。

9. 碾压土堤单元工程的压实质量合格标准，应按表 4-1 的规定执行。

表 4-1　碾压土堤单元工程压实质量合格标准

| 堤型 | | 筑堤材料 | 干密度值合格率（%） | |
			1.2 级土堤	3 级土堤
新筑堤		黏性土	≥85	≥80
	≥80	少黏性土	≥90	≥85
	≥80	老堤加高培厚	黏性土	≥85
			少黏性土	≥85
均质堤	防渗体	防渗体黏性土	≥90	≥85
非均质堤	非防渗体	少黏性土	≥85	≥80

三、水利工程安全管理

（一）安全管理基本知识

1. 基本概念术语

（1）安全

对于安全的定义，人们从不同侧面进行了描述。归纳起来有代表性的有以下几种：

1）安全是指没有危险、不受威胁、不出事故的一种过程和状态。

2）安全是指免除了不可接受的损害风险的状态。

安全是不发生不可接受的风险的一种状态。当风险的程度是合理的，在经济、身体、心理上是可承受的，即可认为处在安全状态。当风险达到不可接受的程度时，则形成不安全状态。不可接受的损害风险指超出了法律法规的要求；超出了方针、目标和企业规定的其他要求；超出了人们普遍接受程度要求等。安全与否要对照风险的接受程度来判定。随着时间、空间的变化，可接受的程度会发生变化，从而安全状态也发生了变化。因此，安全是一个相对的概念。例如，汽车交通事故每天都会发生，也会造成一定的人员伤亡和财产损失，这就是定义中的"风险"。但相对于每天的交通总流量、总人次和总的价值来说，伤亡和损失是较小的，是社会和人们可以接受的，即整体上看来没有出现"不可接受的损害风险"，因而大家还是普遍认为现代的汽车运输是"安全"的。

（2）风险

风险是指某一特定危险情况发生的可能性及其后果的组合。

风险是对某种可预见的危险情况发生的概率及其后果严重程度这两项指标的综合描述。危险情况可能导致人员伤害和疾病、财产损失、环境破坏等。对危险情况的描述和控制主要通过其两个主要特性来实现，即可能性和严重性。可能性是指危险情况发生的难易程度，通常使用概率来描述。严重性是指危险情况一旦发生后，将造成的人员伤害和经济损失的程度和大小。两个特性中任意一个过高都会使风险变大。如果其中一个特性不存在或为零，则这种风险不存在。

（3）事故

事故是指造成死亡、疾病、伤害、损坏或其他损失的意外情况。

事故是造成不良结果的非预期的情况。健康安全管理体系在主观上关注的是活动、过程的非预期的结果，在客观上这些非预期的结果的性质是负面的、不良的，甚至是恶性的。对于人员来说，这种不良结果可能是死亡、疾病和伤害。我国的劳动安全部门通常将上述情况称为"伤亡事故"和"职业病"。对于物质财产来说，事故会造成损毁、破坏或其他形式的价值损失。

（4）事件

事件是指导致或可能导致事故的情况。

事件是引发事故或可能引发事故的情况，主要是指活动、过程本身的情况，其结果尚不确定。如果造成不良结果则形成事故，如果侥幸未造成事故也应引起关注。

（5）可容许风险

可容许风险是指根据组织的法律义务和职业健康安全方针，已降至组织可接受程度的风险。

可容许的风险是指经过组织的努力将原来危害程度较大的风险变成危害程度较小可以被组织接受的风险。国家的职业健康安全法律法规对组织提出了健康安全方面的最基本的要求，组织必须遵守。组织还应根据自身的情况制定职业健康安全方针，阐明组织职业健康安全总目标和改进职业健康安全绩效的承诺。根据这两方面的要求，组织对存在的职业健康安全风险进行评价，判定其程度是否为组织所接受。

（6）危险源

危险源是指可能导致伤害或疾病、财产损失、工作环境破坏或这些情况组合的根源或状态。

危险源是指可能导致人员伤害或疾病、物质财产损失、工作环境破坏的根源或情况及它们的组合。参考《生产过程危险和有害因素分类与代码》，可将危险源分为六类：物理性危险和有害因素、化学性危险和有害因素、生物性危险和有害因素、心理生理性危险和有害因素、行为性危险和有害因素、其他危险和有害因素。根据研究的侧重点不同，危险源还有其他多种分类方法，但从造成伤害、损失和破坏的本质上分析，可归结为能量、有害物质的存在和能量、有害物质的失控这两大方面。

（7）危险源辨识

危险源辨识是指识别危险源的存在并确定其特性的过程。

危险源辨识就是从组织的活动中识别出可能造成人员伤害、财产损失和环境破坏的因素，并判定其可能导致的事故类别和导致事故发生的直接原因的过程。能量和物质的运用是人类社会存在的基础。每个组织在运作过程中不可避免地存在这两方面的因素，因此危险源是不可能完全排除的。危险源的存在形式多样，有的显而易见，有的则因果关系不明显。因此，需要采用一些特定的方法和手段对其进行识别，并进行严密的分析，找出因果关系。危险源辨识是安全管理最基本的活动。

（8）风险评价

风险评价是指评估风险大小及确定风险是否可容许的全过程。

风险评价主要包括两个阶段：一是对风险进行分析评估，确定其大小或严重程度；二是将风险与安全要求进行比较，判定其是否可接受。风险分析评估主要针对危险情况的可能性和严重性进行。安全要求，即判定风险是否可接受的依据，需要根据法律法规要求、组织方针目标等要求和社会、大众的普遍要求综合确定。

（9）安全生产

安全生产是指国家和企业为了预防生产过程中发生人身和设备事故、形成良好的劳动环境和工作秩序而采取的一系列措施和开展的各种活动。

（10）安全管理体系

总的管理体系的一个部分，便于组织对与其业务相关的安全风险的管理。它包括为制定、实施、实现、评审和保持安全方针所需的组织结构、策划活动、职责、惯例、程序、过程和资源。

管理体系是建立方针和目标并实现这些目标的相互关联或相互作用的一组要素。一个组织总的管理体系可包括若干个具有特定目标的组成部分，如职业健康安全管理体系、质量管理体系、环境管理体系等。职业健康安全管理体系是组织总的管理体系的一部分，或理解为组织若干管理体系中的一个，便于组织对职业健康安全风险的管理。

（11）绩效

"绩效"也可称为"业绩"。绩效是指基于职业健康安全方针和目标，与组织的职业健康安全风险控制有关的、职业健康安全管理体系的可测量结果。

绩效测量包括职业健康安全管理活动和结果的测量。

绩效是组织在职业健康安全管理方面、在危险风险控制方面表现出的实际业绩和效果的综合描述。职业健康安全管理体系的结果综合反映了体系的符合性、有效性和适宜性，对其结果的测量应依据组织的方针和目标进行，可用对组织方针、目标的实现程度来表示，也可具体体现在某一或某类危险危害因素的控制上。

（12）持续改进

为改进职业健康安全总体绩效，根据职业健康安全方针，组织强化职业健康安全管理体系的过程。

持续改进是组织对其职业健康安全管理体系进行不断完善的过程。持续改进活动将使组织的职业健康安全总体绩效得到改进，实现组织的职业健康安全方针和目标。

2. 施工项目安全管理范围

安全管理的中心问题，是保护生产活动中人的安全与健康，保证生产顺利进行。

宏观的安全管理包括以下内容：

（1）劳动保护。侧重于政策、规程、条例、制度等形式的操作或管理行为，从而使劳动者的安全与身体健康等得到应有的法律保障。

（2）安全技术。侧重于对"劳动手段和劳动对象"的管理，包括预防伤亡事故的工程技术和安全技术规范、技术规定、标准、条例等，以规范物的状态，减少或消除对人、对物的危害。

（3）工业卫生。着重工业生产中高温、振动、噪声、毒物的管理。通过防护、医疗、保健等措施，防止劳动者的安全与健康受到有害因素的危害。

从生产管理的角度，安全管理可以概括为：在进行生产管理的同时，通过采用计划、组织、技术等手段，依据并适应生产中的人、物、环境因素的运动规律，使其积极方面得到充分发挥，而又利于控制事故不致发生的一切管理活动。

施工现场中直接从事生产作业的人密集，机、料集中，存在多种危险因素。因此，施工现场属于事故多发的作业现场。控制人的不安全行为和物的不安全状态，是施工现场安全管理的重点，也是预防与避免伤害事故、保证生产处于最佳安全状态的根本环节。

施工现场安全管理的内容大体可归纳为安全组织管理、场地与设备管理、行为控制和安全技术管理四个方面，分别对生产中的人、物、环境的行为与状态，进行具体的管理与控制。

3. 安全管理的基本原则

为有效地将生产因素的状态控制好，在实施安全管理过程中，必须正确处理好五种关系，坚持六项管理原则。

（1）正确处理五种关系

1）安全与危险的并存

有危险才要进行安全管理。保持生产的安全状态，必须采取多种措施，以预防为主，危险因素就可以得到控制。

2）安全与生产的统一

安全是生产的客观要求。生产有了安全保障，才能持续稳定地进行。生产活动中事故不断，势必使生产陷于混乱甚至瘫痪状态。

3）安全与质量的包含

从广义上看，质量包含安全工作质量，安全概念也内含着质量，二者交互作用、互为因果。

4）安全与速度的互保

安全与速度成反比例关系，速度应以安全做保障。一味强调速度，置安全于不顾的做法是极其有害的，一旦酿成不幸，反而会延误时间。

5）安全与效益的兼顾

安全技术措施的实施定会改善劳动条件，调动职工积极性，由此带来的经济效益足以使原来的投入得到补偿。

（2）坚持安全管理六项基本原则

1）管生产的同时管安全

安全管理是生产管理的重要组成部分，各级领导在管理生产的同时，必须负责管理安全工作。企业中各有关专职机构，都应在各自的业务范围内，对实现安全生产的要求负责。

2）坚持安全管理的目的性

没有明确目的的安全管理就是一种盲目行为，既劳民伤财，又不能消除危险因素的存在。只有有针对性地控制人的不安全行为和物的不安全状态，消除或避免事故，才能达到保护劳动者安全与健康的目的。

3）必须贯彻预防为主的方针

安全管理不是事故处理，而是在生产活动中，针对生产的特点，对生产因素采取鼓励措施，有效地控制不安全因素的发展与扩大，把可能发生的事故消灭在萌芽状态。

4）坚持"四全"动态管理

安全管理涉及生产活动的方方面面，涉及从开工到竣工交付使用的全部生产过程，涉及全部的生产时间和一切变化着的生产因素，是一切与生产有关的人员共同的工作。因此，在生产过程中，必须坚持全员、全过程、全方位、全天候的动态安全管理。

5）安全管理重在控制

在安全管理的四项工作内容中，对生产因素状态的控制，与安全管理目的关系更直接，作用更突出。因此，必须将对生产中人的不安全行为和物的不安全状态的控制，作为动态安全管理的重点。

6）在管理中发展、提高

要不间断地摸索新的规律，总结管理、控制的办法和经验，指导新的变化后的管理，从而使安全管理不断上升到新的高度。

（二）我国安全卫生管理体制

我国建筑安全生产管理的模式为统一管理、分级负责，即国务院建设行政主管部门负责对全国建筑安全生产进行监督指导，县级以上人民政府建设行政主管部门分级负责本辖区内的建筑安全生产管理。国务院安全生产委员会，作为国务院议事协调机构，负责研究协调安全生产监督管理中的重大问题，目的是加强对全国安全生产工作的统一领导，促进安全生产形势的稳定好转，保护国家财产和人民生命安全。国务院安全生产委员会人员构成：主任委员由国务院主管安全生产的副总理担任，副主任委员由国务院秘书长、应急管理部部长等担任，成员是由来自住房和城乡建设部、发改委、教育部、科技部、公安部、财政部等34个部门的34位相关人员组成。

1.安全生产委员会职责

（1）安全生产委员会主要职责：

1）在国务院领导下，负责研究部署、指导协调全国安全生产工作；

2）研究提出全国安全生产工作的重大方针政策；

3）分析全国安全生产形势，研究解决安全生产工作中的重大问题；

4）必要时，协调原总参谋部和武警总部调集部队参加特大生产安全事故应急救援工作；

5）完成国务院交办的其他安全生产工作。

（2）安委会工作机构设置和主要职责

设立安全生产委员会办公室（简称安委会办公室），作为安委会的办事机构。

安委会办公室主要职责：

1）研究提出安全生产重大方针政策和重要措施的建议；

2）监督检查、指导协调国务院有关部门和各省、自治区、直辖市人民政府的安全生产工作；

3）组织国务院安全生产大检查和专项督查，参与研究有关部门在产业政策、资金投入、科技发展等工作中涉及安全生产的相关工作；

4）负责组织国务院特别重大事故调查处理和办理结案工作；

5）组织协调特别重大事故应急救援工作；

6）指导协调全国安全生产行政执法工作；

7）承办安委会召开的会议和重要活动，督促、检查安委会会议决定事项的贯彻落实情况；

8）承办安委会交办的其他事项。

2.安全生产监督管理机构

安全生产监督管理机构是国家实施安全生产综合监督管理的机构。各级政府的安全生产监督管理部门依照法律法规所赋予的权限，对辖区范围内的安全生产工作进行宏观管理和指导，代表政府履行督促指导、监督管理、综合协调、行政执法等方面的职责，从而保证各项方针政策与安全生产法律法规在各地区、各部门、各行业、各领域、各单位得到全面的贯彻落实。

概括起来说，综合监管就是"较宏观的、高层次的、全局性的、全面的、全方位的监管，其功能和内涵应当是运筹谋划、导向促进、立规执法、组织部署、监督检查、指导协调、提高教育、统计分析、通达反馈、调度综合"。

安全生产监督管理机构分为国家安全生产监督管理机构（应急管理部）和地方各级安全生产监督管理机构。

（1）应急管理部

应急管理部是国务院主管安全生产综合监督管理的组成部门，也是国务院安全生产委员会的办事机构。

1）职业安全监督管理主要职责

职业安全监督管理主要职责：

①承担国务院安全生产委员会办公室的工作。

②综合监督管理全国安全生产工作。

③依法行使国家安全生产综合监督管理职权，按照分级、属地原则，指导、协调和监督有关部门安全生产监督管理工作，对地方安全生产监督管理部门进行业务指导；制订全国安全生产发展规划；定期分析和预测全国安全生产形势，研究、协调和解决安全生产中的重大问题。

④负责发布全国安全生产信息，综合管理全国生产安全伤亡事故调度统计和安全生产行政执法分析工作；依法组织、协调特大和特别重大事故的调查处理工作，并监督事故查处的落实情况；组织、指挥和协调安全生产应急救援工作。

⑤负责综合监督管理危险化学品和烟花爆竹安全生产工作。

⑥指导、协调全国和各省、自治区、直辖市安全生产检测检验工作；组织实施对工矿商贸生产经营单位安全生产条件和有关设备（特种设备除外）进行检测检验、安全评价、安全培训、安全咨询等社会中介组织的资质管理工作，并进行监督检查。

⑦组织、指导全国和各省、自治区、直辖市安全生产提高教育工作，负责安全生产监督管理人员的安全培训、考核工作，依法组织、指导并监督特种作业人员（煤矿特种作业人员、特种设备作业人员除外）的考核工作和工矿商贸生产经营单位主要经营管理者、安全生产管理人员的安全资格考核工作（煤矿矿长安全资格除外）；监督检查工矿商贸生产经营单位的安全培训工作。

⑧负责监督管理中央管理的工矿商贸生产经营单位的安全生产工作，依法监督工矿商

贸生产经营单位贯彻执行安全生产法律、法规情况及其安全生产条件和有关设备（特种设备除外）、材料、劳动防护用品的安全生产管理工作。

⑨依法监督检查职责范围内新建、改建、扩建工程项目的安全设施与主体工程同时设计、同时施工、同时投产使用情况；依法监督检查工矿商贸生产经营单位作业场所（煤矿作业场所除外）职业卫生情况，负责职业卫生安全许可证的颁发管理工作；监督检查重大危险源监控、重大事故隐患的整改工作，依法查处不具备安全生产条件的工矿商贸生产经营单位。

⑩组织拟订安全生产科技规划，组织、指导和协调相关部门和单位开展安全生产重大科学技术研究和技术示范工作。

组织实施注册安全工程师执业资格制度，监督和指导注册安全工程师执业资格考试和注册工作。

组织开展与外国政府、国际组织及民间组织安全生产方面的国际交流与合作。

承办国务院、国务院安全生产委员会交办的其他事项。

2）职业卫生（健康）监督管理职责

安全生产监督管理机构的职业卫生监督管理职责如下：

①负责制定作业场所职业卫生监督检查、职业危害事故调查和有关违法、违规行为处罚的法规、标准，并监督实施。

②负责作业场所职业卫生的监督检查，依照《使用有毒物品作业场所劳动保护条例》发放职业卫生安全许可证；负责职业危害申报，依法监督生产经营单位贯彻执行国家有关职业卫生法律、法规、规定和标准情况。

③组织查处职业危害事故和有关违法、违规行为。

④组织指导、监督检查生产经营单位职业安全培训工作。

（2）地方安全生产监督管理机构

各地市应国务院机构改革的要求，先后根据各自的实际情况，组建地方安全生产监督管理机构，接受地方政府的领导和监督，按职能配置，统一对地方的安全生产进行综合监督管理。地方各级安全生产监督管理机构的主要工作职责如下：

1）贯彻执行关于安全生产工作的一系列方针政策及重大举措，研究本行政区域内贯彻落实的具体措施和办法。

2）根据国家有关安全生产发展规划，研究拟订本行政区域安全生产工作的中长期发展规划及年度工作计划，并纳入同级政府经济与社会发展的中长期规划和年度工作计划。

3）分析研究安全生产工作总体形势，针对安全生产工作中存在的突出问题和薄弱环节，提出相应的对策建议，为有关重大决策提供依据。

4）研究制定地方性安全生产法律法规、规章及重要规范性文件，并组织实施。

5）研究制定明确各有关部门的安全生产职责分工，推进安全生产责任制的贯彻落实，对各专项监管部门依法履行安全生产法定职责及安全生产工作情况进行指导、协调及监督检查。

6）对生产经营单位贯彻执行《安全生产法》等有关法律法规规定的安全生产基本条件及安全生产各项保障制度的情况进行监察，并对有关违法行为进行查处。

7）根据本行政区域内的安全生产状况，牵头组织有关部门进行安全生产综合大检查或监督活动，并向政府报告工作情况，同时督促有关政府部门就监督检查中发现的问题与隐患进行整改。

8）牵头协调解决安全生产工作中的重大问题，对有关重大问题的解决进行跟踪与监督检查。

9）就本行政区域内的安全生产情况及事故情况进行统计、分析。

10）统筹考虑国家安全生产思想和方针政策的提高教育工作，抓好安全生产技术支撑体系及中介服务体系的培育并对中介组织的执行情况进行监督检查。

11）牵头组织对生产安全中特大责任事故的调查处理，依照有关法律法规的规定和"四不放过"，即严格按照事故原因未查明不放过、责任人未处理不放过、整改措施未落实不放过、有关人员未受教育不放过的原则提出对有关责任人责任追究的建议等。

12）承担同级人民政府安全生产委员会的日常工作。

此外，地方各级安全生产监督管理机构根据卫健委、国家安全生产监督管理局《关于职业卫生监督管理职责分工意见的通知》的规定，履行有关职业卫生监督管理职责。

（3）建设行政主管部门

住房和城乡建设部作为国务院的组成部门，是建筑行业安全管理的最高行政机构，对全国的建筑安全生产实施统一的行政管理。住房和城乡建设部为了加强对建筑安全生产的管理，不仅成立了建筑专家生产委员会、住房和城乡建设部安全生产管理委员会，同时还对各个部门的安全生产工作职责做出了规定。

根据住房和城乡建设部《建筑安全生产监督管理规定》（建设部令第13号）的规定，其主要职责如下：

1）安全执法权和行业安全立法权。贯彻执行国家有关安全生产的法律法规和方针、政策，起草或者制定建筑安全生产管理的法规、标准。

2）行业安全监管。统一监督管理全国工程建设方面的安全生产工作，完善建筑安全生产的组织保证体系。

3）安全规划制订和技术开发与推广。制订建筑安全生产管理的中、长期规划和近期目标，组织建筑安全生产技术的开发与推广应用。

4）管理下级安全监管活动。指导和监督检查省、自治区、直辖市人民政府建设行政主管部门开展建筑安全生产的行业监督管理工作。

5）行业安全统计和信息发布。统计全国建筑职工因工伤亡人数，掌握并发布全国建筑安全生产动态。

6）重点建筑企业安全资格审查或审批。负责对申报资质等级的一级企业和国家一、二级企业及国家和部级先进建筑企业进行安全资格审查或者审批，行使安全生产否决权。

7）组织安全检查、交流经验、表彰先进。组织全国建筑安全生产检查，总结交流建筑安全生产管理经验，并表彰先进。

8）行业安全事故调查检查和监督。工程建设重大事故的调查处理，组织或者参与工程建筑特别重大事故的调查。

（4）水行政主管部门

水行政主管部门和流域管理机构按照分级管理权限，负责水利工程建设安全生产的监督管理。水行政主管部门或者流域管理机构委托的安全生产监督机构，负责水利工程施工现场的具体监督检查工作。

1）水利部

水利部负责全国水利工程建设安全生产的监督管理工作，其主要职责如下：

①贯彻、执行国家有关安全生产的法律、法规和政策，制定有关水利工程建设安全生产的规章、规范性文件和技术标准；

②监督、指导全国水利工程建设安全生产工作，组织开展对全国水利工程建设安全生产情况的监督检查；

③组织、指导全国水利工程建设安全生产监督机构的建设、考核和安全生产监督人员的考核工作及水利水电工程施工单位的主要负责人、项目负责人和专职安全生产管理人员的安全生产考核工作。

2）流域管理机构

流域管理机构负责所管辖的水利工程建设项目的安全生产监督工作。

3）省、自治区、直辖市人民政府水行政主管部门

省、自治区、直辖市人民政府水行政主管部门负责本行政区域内所管辖的水利工程建设安全生产的监督管理工作，其主要职责如下：

①贯彻、执行有关安全生产的法律、法规、规章、政策和技术标准，制定地方有关水利工程建设安全生产的规范性文件。

②监督、指导本行政区域内所管辖的水利工程建设安全生产工作，组织开展对本行政区域内所管辖的水利工程建设安全生产情况的监督检查。

③组织指导本行政区域内水利工程建设安全生产监督机构的建设工作、组织有关的水利水电工程施工单位的主要负责人、项目负责人和专职安全生产管理人员的安全生产考核工作。

4）市、县级人民政府水行政主管部

市、县级人民政府水行政主管部门水利工程建设安全生产的监督管理职责，由省、自治区、直辖市人民政府水行政主管部门规定。

（5）建筑安全生产监督管理

建筑安全生产监督管理机构的主要职责如下：

1）贯彻执行全生产方针、政策和决议。

2）监察各工地对国家、省、市政府公布的安全法律、法规，标准、规章制度、办法和安全技术措施的执行情况。

3）总结、推广建筑施工安全科学管理、先进安全装置措施等经验，并及时给予奖励。

4）负责建筑意外伤害保险制度的执行和监督。

5）制止违章指挥和违章作业行为，对情节严重者依法给予经济处罚，对隐患严重的现场或机械、电气设备等，及时签发停工指令，并提出改进措施。

6）参加建筑行业重大伤亡事故的调查处理，对造成死亡 1 人、重伤 3 人，直接经济损失 5 万元以上的重大事故主要负责者，有权向检察机关、法院提出控诉，追究刑事责任。

7）对建筑施工队伍负责人、安全检查员、特种作业人员，组织安全教育培训、考核发证工作。

8）参加建筑施工企业新建、扩建、改建和挖潜、革新、改造工程项目设计和竣工验收工作，负责安全卫生设施"三同时"（安全卫生设施同时设计、同时验收、同时使用）的审查工作。

9）及时召开安全施工或重大伤亡事故现场会议。

（6）职业卫生监督管理机构

职业卫生监督管理和安全生产监督管理本为一体，在我国一直以来却是分开实施的，职业卫生监督管理归卫健委负责，安全生产监督管理归口安全生产监督管理部门负责。

1）卫生部门的职责

①拟订职业卫生法律、法规和标准。

②负责对用人单位职业健康监护情况进行监督检查，规范职业病的预防、保健，并查处违法行为。

③负责对职业卫生技术服务机构资质的认定和监督管理；审批承担职业健康检查、职业病诊断的医疗卫生机构并进行监督管理，规范职业病的检查和救治；负责化学品毒性鉴定管理工作。

④负责对建设项目进行职业病危害预评价审核、职业病防护设施设计卫生审查和竣工验收。

2）部门间的协调工作机制

①卫健委制定或发布涉及作业场所的法规应与国家安全生产监督管理局共同研究、协商。

②两个部门每年召开一次协调会，通报有关情况，协调有关工作。卫生部门对健康监护监督检查工作中发现的重要问题要及时向安全监管部门通报，安全监管部门要将作业场所职业危害申报情况、职业卫生安全许可证发放情况及监督检查中发现的重要问题及时向卫生部门通报。

③卫生部门认定的职业卫生技术服务机构承担作业场所的检测、出证和评价等技术工作时，应及时就有关情况向当地安全监管部门汇报，安全监管部门如发现违法行为应及时

通报卫生部门予以查处。

④各地应尽快理顺工作关系，切实履行职责。卫生部门和安全监管部门在职能划转期间，要做好协调工作，防止出现工作上的缺位和越位。

（三）水利工程安全生产管理规定

1.《中华人民共和国建筑法》的有关规定

《中华人民共和国建筑法》包括第一章总则、第二章建筑许可、第三章建筑工程发包与承包、第四章建筑工程监理、第五章建筑安全生产管理、第六章建筑工程质量管理、第七章法律、责任和第八章附则，共85条。对建筑安全生产管理做了如下规定：

（1）建筑工程安全生产管理必须坚持安全第一、预防为主的方针，建立健全安全生产的责任制度和群防群治制度。

（2）建筑工程设计应当符合国家制定的建筑安全规程和技术规范，保证工程的安全性能。

（3）建筑施工企业在编制施工组织设计时，应当根据建筑工程的特点制定相应的安全技术措施；对专业性较强的工程项目，应当编制专项安全施工组织设计，并采取安全技术措施。

（4）建筑施工企业应当在施工现场采取维护安全、防范危险、预防火灾等措施；有条件的，应当对施工现场实行封闭管理。施工现场对毗邻的建筑物、构筑物和特殊作业环境可能造成损害的，建筑施工企业应当采取安全防护措施。

（5）建设行政主管部门负责建筑安全生产的管理，并依法接受劳动行政主管部门对建筑安全生产的指导和监督。

（6）建筑施工企业必须依法加强对建筑安全生产的管理，执行安全生产责任制度，采取有效措施，防止伤亡和其他安全生产事故的发生。建筑施工企业的法定代表人对本企业的安全生产负责。

（7）施工现场安全由建筑施工企业负责。实行施工总承包的，由总承包单位负责。分包单位向总承包单位负责，服从总承包单位对施工现场的安全生产管理。

（8）建筑施工企业应当建立健全劳动安全生产教育培训制度，加强对职工安全生产的教育培训；未经安全生产教育培训的人员，不得上岗作业。

（9）建筑施工企业和作业人员在施工过程中，应当遵守有关安全生产的法律、法规和建筑行业安全规章、规程，不得违章指挥或者违章作业。作业人员有权对影响人身健康的作业程序和作业条件提出改进意见，有权获得安全生产所需的防护用品。作业人员对危及生命安全和人身健康的行为有权提出批评、检举和控告。

（10）建筑施工企业必须为从事危险作业的职工办理意外伤害保险，支付保险费。

（11）涉及建筑主体和承重结构变动的装修工程，建设单位应当在施工前委托原设计单位或者具有相应资质条件的设计单位提出设计方案；没有设计方案的，不得施工。

（12）施工中发生事故时，建筑施工企业应当采取紧急措施减少人员伤亡和事故损失，并按照国家有关规定及时向有关部门报告。

2.《中华人民共和国安全生产法》的有关规定

《中华人民共和国安全生产法》包括第一章总则、第二章生产经营单位的安全生产保障、第三章从业人员的权利和义务、第四章安全生产的监督管理、第五章生产安全事故的应急救援与调查处理、第六章法律责任和第七章附则，共119条。对施工安全生产的主要内容包括：

（1）生产经营单位必须遵守本法和其他有关安全生产的法律、法规，加强安全生产管理，建立、健全安全生产责任制度，完善安全生产条件，确保安全生产。

（2）负责安全生产监督管理的部门依照本法，对全国安全生产工作实施综合监督管理；县级以上地方各级人民政府负责安全生产监督管理的部门依照本法，对本行政区域内安全生产工作实施综合监督管理。有关部门依照本法和其他有关法律行政法规的规定，在各自的职责范围内对有关的安全生产工作实施监督管理；县级以上地方各级人民政府有关部门依照本法和其他有关法律、法规的规定，在各自的职责范围内对有关的安全生产工作实施监督管理。

（3）国家实行生产安全事故责任追究制度，依照本法和有关法律、法规的规定，追究生产安全事故责任人员的法律责任。

（4）生产经营单位的主要负责人对本单位安全生产工作负有下列职责：

1）建立健全并落实本单位全员安全生产责任制，加强安全生产标准化建设；

2）组织制定并实施本单位安全生产规章制度和操作规程；

3）组织制订并实施本单位安全生产教育和培训计划；

4）保证本单位安全生产投入的有效实施；

5）组织建立并落实安全风险分级管控和隐患排查治理双重预防工作机制，督促、检查本单位的安全生产工作，及时消除生产安全事故隐患；

6）组织制订并实施本单位的生产安全事故应急救援预案；

7）及时、如实报告生产安全事故。

矿山、金属冶炼、建筑施工、运输单位和危险物品的生产、经营、储存装卸单位，应当设置安全生产管理机构或者配备专职安全生产管理人员。

（5）前款规定以外的其他生产经营单位，从业人员超过100人的，应当设置安全生产管理机构或者配备专职安全生产管理人员；从业人员在100人以下的，应当配备专职或者兼职的安全生产管理人员。

（6）生产经营单位新建、改建、扩建工程项目（以下统称建设项目）的安全设施，必须与主体工程同时设计、同时施工、同时投入生产和使用。安全设施投资应当纳入建设项目概算。

（7）建设项目安全设施的设计人、设计单位应当对安全设施设计负责。

（8）生产经营单位使用的涉及生命安全、危险性较大的特种设备，以及危险物品的容器、运输工具必须按照国家有关规定，由专业生产单位生产，并经取得专业资质的检测、检验机构检测、检验合格，取得安全使用证或者安全标志，方可投入使用。检测、检验机构对检测、检验结果负责。

（9）生产经营单位必须为从业人员提供符合国家标准或者行业标准的劳动防护用品，并监督、教育从业人员按照使用规则佩戴使用。

（10）生产经营单位的安全生产管理人员应当根据本单位的生产经营特点，对安全生产状况进行经常性检查；对检查中发现的安全问题，应当立即处理；不能处理的，应当及时报告本单位有关负责人；检查及处理情况应当记录在案。

（11）生产经营单位发生重大生产安全事故时，单位的主要负责人应当立即组织抢救，并不得在事故调查处理期间擅离职守。

（12）负有安全生产监督管理职责的部门依法对生产经营单位执行有关安全生产的法律、法规和国家标准或者行业标准的情况进行监督检查，行使以下职权：

1）进入生产经营单位进行检查，调阅有关资料，向有关单位和人员了解情况。

2）对检查中发现的安全生产违法行为，当场予以纠正或者要求限期改正；对依法应当给予行政处罚的行为，依照本法和其他有关法律、行政法规的规定做出行政处罚决定。

3）对检查中发现的事故隐患，应当责令立即排除；重大事故隐患排除前或者排除过程中无法保证安全的，应当责令从危险区域内撤出作业人员，责令暂时停产停业或者停止使用；重大事故隐患排除后，经审查同意，方可恢复生产经营和使用。

4）对有根据认为不符合保障安全生产的国家标准或者行业标准的设施、设备、器材予以查封或者扣押，并应当在15日内依法做出处理决定。监督检查不得影响被检查单位的正常生产经营活动。

（13）生产经营单位发生生产安全事故后，事故现场有关人员应当立即报告本单位负责人。

单位负责人接到事故报告后，应当迅速采取有效措施，组织抢救，防止事故扩大，减少人员伤亡和财产损失，并按照国家有关规定立即如实报告当地负有安全生产监督管理职责的部门，不得隐瞒不报、谎报或者拖延不报，不得故意破坏事故现场、毁灭有关证据。

（14）事故调查处理应当按照实事求是、尊重科学的原则，及时、准确地查清事故原因，查明事故性质和责任，总结事故教训，提出整改措施，并对事故责任者提出处理意见。事故调查和处理的具体办法由国务院制定。

（四）水利工程安全事故处理

1. 基本概念和术语

（1）伤亡事故指企业职工在生产劳动过程中生的人身伤害、急性中毒。

（2）损失工作日，指被伤害者失能的工作时间。

（3）暂时性失能伤害，指伤害及中毒者暂时不能从事原岗位工作的伤害。

（4）永久性部分失能伤害，指伤害及中毒者肢体或某些器官部分功能不可逆的丧失的伤害。

（5）永久性全失能伤害，指除死亡外一次事故中，受伤者造成完全残疾的伤害。

（6）轻伤，指损失工作日低于105日的失能伤害。

（7）重伤，指相当于损失工作日等于和超过105日的失能伤害。

（8）直接责任者，是指在事故发生中有必须因果关系的人。

（9）主要责任者，是指在事故发生中属于主要地位或起主要作用的人。

（10）重要责任者，是指在事故责任中，负一定责任、起一定作用，但不起主要作用的人。

（11）领导责任者，是指忽视安全生产，管理混乱，规章制度不健全，违章指挥，冒险蛮干，对工人不认真进行安全教育、不认真消除事故隐患，或者出现事故以后仍不采取有力措施，致使同类事故重复发生的单位领导。

2. 事故分类

《生产安全事故报告和调查处理条例》规定，根据生产安全事故造成的人员伤亡或者直接经济损失，事故分为特别重大事故、重大事故、较大事故和一般事故。

（1）特别重大事故，是指造成30人以上死亡，或者100人以上重伤（包括急性工业中毒），或者1亿元以上直接经济损失的事故；

（2）重大事故，是指造成10人以上30人以下死亡，或者50人以上100人以下重伤，或者50000万元以上1亿元以下直接经济损失的事故；

（3）较大事故，是指造成3人以上10人以下死亡，或者10人以上50人以下重伤，或者1000万元以上5000万元以下直接经济损失的事故；

（4）一般事故，是指造成3人以下死亡，或者10人以下重伤，或者1000万元以下直接经济损失的事故。

所称的"以上"包括本数，所称的"以下"不包括本数。

3. 事故报告

（1）事故报告的程序和时间限制

1）事故发生后，事故现场有关人员应当立即向本单位负责人报告，单位负责人接到报告后，应当于1小时内向事故发生地县级以上人民政府安全生产监督管理部门和负有安全生产监督管理职责的有关部门报告；情况紧急时，事故现场有关人员可以直接向事故发生地县级以上人民政府安全生产监督管理部门和负有安全生产监督管理职责的有关部门报告。

2）安全生产监督管理部门和负有安全生产监督管理职责的有关部门接到事故报告后，应当依照下列规定上报事故情况，并通知公安机关、劳动保障行政部门、工会和人民检察院：

①特别重大事故、重大事故逐级上报至国务院安全生产监督管理部门和负有安全生产

监督管理职责的有关部门；

②较大事故逐级上报至省、自治区、直辖市人民政府安全生产监督管理部门和负有安全生产监督管理职责的有关部门；

③一般事故上报至设区的市级人民政府安全生产监督管理部门和负有安全生产监督管理职责的有关部门。

安全生产监督管理部门和负有安全生产监督管理职责的有关部门依照规定上报事故情况，应当同时报告本级人民政府。国务院安全生产监督管理部门和负有安全生产监督管理职责的有关部门及省级人民政府接到发生特别重大事故、重大事故的报告后，应当立即报告国务院。

必要时，安全生产监督管理部门和负有安全生产监督管理职责的有关部门可以越级上报事故情况。

3）安全生产监督管理部门和负有安全生产监督管理职责的有关部门逐级上报事故情况，每级上报的时间不得超过2小时。

4）水利工程建设重大质量与安全事故发生后，事故现场有关人员应当立即报告本单位负责人。项目法人、施工等单位应当立即将事故情况按项目管理权限如实向流域机构或水行政主管部门和事故所在地人民政府报告，最迟不得超过4小时。流域机构或水行政主管部门接到事故报告后，应当立即报告上级水行政主管部门和水利部工程建设事故应急指挥部。水利工程建设过程中发生生产安全事故的，应当同时向事故所在地安全生产监督局报告；特种设备发生事故，应当同时向特种设备安全监督管理部门报告。接到报告的部门应当按照国家有关规定，如实上报。

报告的方式可先采用电话口头报告，随后递交正式书面报告。在法定工作日向水利部工程建设事故应急指挥部办公室报告，夜间和节假日向水利部总值班室报告，总值班室归口负责向国务院报告。

5）各级水行政主管部门接到水利工程建设重大质量与安全事故报告后，应当遵循"迅速、准确"的原则，立即逐级报告同级人民政府和上级水行政主管部门。

6）对于水利部直管的水利工程建设项目及跨省（自治区、直辖市）的水利工程项目，在报告水利部的同时应当报告有关流域机构。

特别紧急的情况下，项目法人和施工单位及各级水行政主管部门可直接向水利部报告。

7）事故报告后出现新情况的，应当及时补报。

自事故发生之日起30日内，事故造成的伤亡人数发生变化的，应当及时补报。

（2）事故报告的内容

1）事故发生后及时报告以下内容：

①发生事故的工程名称、地点、建设规模和工期，事故发生的时间、地点、简要经过、事故类别和等级、人员伤亡及直接经济损失初步估算；

②有关项目法人、施工单位、主管部门名称及负责人联系电话，施工等单位的名称、

资质等级；

③事故报告的单位、报告签发人及报告时间和联系电话等。

2）根据事故处置情况及时续报告以下内容：

①有关项目法人、勘察、设计、施工、监理等工程参建单位名称、资质等级情况，单位以及项目负责人的姓名、相关执业资格；

②事故原因分析；

③事故发生后采取的应急处置措施及事故控制情况；

④抢险交通道路可使用情况；

⑤其他需要报告的有关事项等。

4. 事故调查

（1）事故调查权限

1）特别重大事故由国务院或者国务院授权有关部门组织事故调查组进行调查。

重大事故、较大事故、一般事故分别由事故发生地省级人民政府、设区的市级人民政府、县级人民政府负责调查。省级人民政府、设区的市级人民政府、县级人民政府可以直接组织事故调查组进行调查，也可以授权或者委托有关部门组织事故调查组进行调查。未造成人员伤亡的一般事故，县级人民政府也可以委托事故发生单位组织事故调查组进行调查。

2）上级人民政府认为必要时，可以调查由下级人民政府负责调查的事故。

自事故发生之日起 30 日内（道路交通事故、火灾事故自发生之日起 7 日内），因事故伤亡人数变化导致事故等级发生变化，依照本条例规定应当由上级人民政府负责调查的，上级人民政府可以另行组织事故调查组进行调查。

3）特别重大事故以下等级事故，事故发生地与事故发生单位不在同一个县级以上行政区域的，由事故发生地人民政府负责调查，事故发生单位所在地人民政府应当派人参加。

（2）事故调查组人员组成

事故调查组的组成应当遵循精简、效能的原则。

1）根据事故的具体情况，事故调查组由有关人民政府、安全生产监督管理部门、负有安全生产监督管理职责的有关部门、监察机关、公安机关及工会派人组成，并应当邀请人民检察院派人参加。

2）事故调查组可以聘请有关专家参与调查。

3）事故调查组成员应当具有事故调查所需要的知识和专长，并与所调查的事故没有直接利害关系。

4）事故调查组组长由负责事故调查的人民政府指定。事故调查组组长主持事故调查组的工作。

（3）事故调查组的职责

事故调查组履行下列职责：

1）查明事故发生的经过、原因、人员伤亡情况及直接经济损失；

2）认定事故的性质和事故责任；

3）提出对事故责任者的处理建议；

4）总结事故教训，提出防范和整改措施；

5）提交事故调查报告。

（4）事故调查

1）事故调查组有权向有关单位和个人了解与事故有关的情况，并要求其提供相关文件、资料，有关单位和个人不得拒绝。

事故发生单位的负责人和有关人员在事故调查期间不得擅离职守，并应当随时接受事故调查组的询问，如实提供有关情况。

事故调查中发现涉嫌犯罪的，事故调查组应当及时将有关材料或者其复印件移交司法机关处理。

2）事故调查中需要进行技术鉴定的，事故调查组应当委托具有国家规定资质的单位进行技术鉴定。必要时，事故调查组可以直接组织专家进行技术鉴定。技术鉴定所需时间不计入事故调查期限。

3）事故调查组成员在事故调查工作中应当诚信公正、恪尽职守，遵守事故调查组的纪律，保守事故调查的秘密。

未经事故调查组组长允许，事故调查组成员不得擅自发布有关事故的信息。

（5）事故调查报告

1）事故调查组应当自事故发生之日起60日内提交事故调查报告；特殊情况下，经负责事故调查的人民政府批准，提交事故调查报告的期限可以适当延长，但延长的期限最长不超过60日。

2）事故调查报告应当及时、准确、完整，任何单位和个人对事故不得迟报、漏报、谎报或者瞒报。事故调查报告应当包括下列内容：

①事故发生单位概况；

②事故发生经过和事故救援情况；

③事故造成的人员伤亡和直接经济损失；

④事故发生的原因和事故性质；

⑤事故责任的认定及对事故责任者的处理建议；

⑥事故防范和整改措施。

事故调查报告应当附具有关证据材料。事故调查组成员应当在事故调查报告上签名。

事故调查报告报送负责事故调查的人民政府后，事故调查工作即告结束。事故调查的有关资料应当归档保存。

5. 事故处理

事故调查处理应当坚持实事求是、尊重科学的原则，及时、准确地查清事故经过、事故原因和事故损失，查明事故性质，认定事故责任，总结事故教训，提出整改措施，并对事故责任者依法追究责任。

事故处理应坚持"四不放过"原则，即事故原因不查清楚不放过、事故责任者未受处理不放过、主要事故责任者和职工未受到教育不放过、补救和防范措施不落实不放过。认真调查事故原因，研究处理补救措施，查明事故责任者，做好事故处理工作。

对于重大事故、较大事故或一般事故，负责事故调查的人民政府应当自收到事故调查报告之日起 15 日内做出批复；对于特别重大事故，30 日内做出批复，特殊情况下，批复时间可以适当延长，但延长的时间最长不超过 30 日。

有关机关应当按照人民政府的批复，依照法律、行政法规规定的权限和程序，对事故发生单位和有关人员进行行政处罚，对负有事故责任的国家工作人员进行处分。

事故发生单位应当按照负责事故调查的人民政府的批复，对本单位负有事故责任的人员进行处理。

负有事故责任的人员涉嫌犯罪的，依法追究刑事责任。

事故发生单位应当认真吸取事故教训，落实防范和整改措施，防止事故再次发生。防范和整改措施的落实情况应当接受工会和职工的监督。

安全生产监督管理部门和负有安全生产监督管理职责的有关部门应当对事故发生单位落实防范和整改措施的情况进行监督检查。

事故处理的情况由负责事故调查的人民政府或者其授权的有关部门、机构向社会公布，依法应当保密的除外。

第二节　质量控制所需的试验仪器及试验方法

本节主要介绍质量控制所需的试验仪器及核子密度仪的现场检测调试方法、环刀取样的计算方法及土壤含水量试验方法、灌砂方法。

一、试验仪器和规格精度

1. 天平：称量 1 kg，感量 1 g，称量 500 g，感量 0.01 g 的电子天平。

2. 烘箱：能使温度控制在恒温（105 ± 5）℃。

3. 蒸发皿。

4. 环刀：内径 50 mm，体积 100 cm³。

5. 测绳或钢尺、经纬仪、水平仪等。

6. 洗砂用的筒及烘干用的线盘、切土刀、钢丝锯、凡士林等。

7. 没有烘箱可用酒精烘烧含水量法求含水量，购置酒精。

8. 核子密度仪。

二、土壤含水量试验方法

（一）定义和适用范围

1. 土的含水量是试样在105℃~110℃下烘到恒量时所失去的水质量和达恒量后干土质量的比值，以百分数表示。

2. 本试验以烘干法为室内试验的标准方法，在野外可依土的性质和工程情况分别采用酒精燃烧法和比重法（用于砂类土），酒精燃烧法比较普遍。

3. 本试验适用于有机质泥炭、腐殖质及其他含量不超过质量5%的土，当有机质含量在5%~10%之间时，仍允许采用，但需注明有机质含量。

（二）烘干法

1. 所用设备

（1）烘箱：可采用电热烘箱或温度能保持105℃~110℃的其他能源烘箱。

（2）天平：称量200 g，分度值0.01 g。

（3）其他干燥器、称量盒（可用恒质量盒）。

（4）仪器设备的检定和校准：天平应按相应的检定规程进行检定。

2. 步骤

（1）取代表性试样15~30 g放入称量盒内，立即盖好盒盖，称量盒加湿土重。

（2）揭开盒盖，将试样盒放入烘箱中，在温度105℃~110℃下烘到恒量，黏土不少于8 h，砂土不少于6 h，对有机质土超过10%的土控制在65℃~70℃的恒温下烘至恒量。

（3）将烘干后的试样盒取出，放入干燥器内冷却至室温称干土重量，准确至0.01 g。

三、酒精燃烧法

（一）仪器设备

1. 称量：盒（定期校正为恒值）。

2. 天平：称量200 g，分度值0.01 g。

3. 酒精（纯度95%）、滴管、火柴、调土刀等。

（二）仪器设备的检定和校准

天平应按相应的检定规程进行检定。

（三）步骤

1. 取代表性试样（黏土 5~10 g，砂土 20~30 g）放入称量盒内，称湿土重。

2. 用滴管将酒精注入放有试样的称量盒中，直至盒中出现自由液面为止，为使酒精在试样中充分混合均匀，可将盒底在桌面上轻轻敲击。

3. 点燃盒中酒精，烧到火焰熄灭。

4. 将试样冷却数分钟，按烘干法称干土重（燃烧 2~3 次）。

5. 准确至 0.01 g，取两次平均值，计算方法同烘干法。

四、干密度试验检测方法

（一）定义和适用范围

土的密度是土的单位体积质量，分湿密度与干密度。湿密度是湿土的单位体积质量，干密度是干土的单位体积质量。

（二）检测方法

检测方法有多种，一般常采用环刀法及核子密度仪法，下面详细介绍环刀法。

1. 仪器设备

（1）环刀。

（2）天平：称量 500 g，分度值 0.1 g；称量：200 g，分度值 0.01 g。

（3）其他：切土刀、钢丝锯、凡士林等。

2. 仪器检定和校验

（1）天平应按相应的检定规程进行检定。

（2）环刀应按相关规定进行校验。

五、核子湿度密度测试仪法

（一）概述

核子湿度密度测试仪用于测量建筑材料和现场土的密度及体积含水率。仪器内有两个安全密封的放射物质，其中铯 137 所辐射的 γ 射线进行密度测量，镅 241/ 铍所辐射的中子射线进行体积含水率测量。核子湿度、密度测试仪有湖南省长沙市产及美国产两种，这类仪器均以铯和镅两种放射源发出的微量射线，直接贯穿于土壤或建筑材料之中，通过电子计算机的接收和处理，能快速检测公路堤坝、机场、铁路和其他地基的密实度或沥青路面、水泥路面的精确密度及空隙率，操作简单，直接显示测量结果，其效率远远优于传统的灌砂法和环刀法，是土工实验室质量监理部门和施工单位提高施工质量和施工进度的理想工具。核子密度仪测定范围 1.12~2.74 g/cm³，探测深度 30~50 cm，含水量测量范围 0~0.64 g/cm³，表面测量深度 150~200 mm，不平整度误差 ±1.25 mm（100% 空隙率），透

射 –0.008 gcc，反射 –0.064 gcc，操作温度 0℃ ~16℃。

（二）核子密度仪的校定方法

现场校定：被测土基表面一定要平整，使探头底部表面与土基表面接触良好，不可有较大的间隙，用铁铲或刮刀将土基表面整平，使其测量数据准确、真实，才能代替常规检测方法进行压实度的快速检测，现场修正试验简单，检测某种土质相同的路基地段时，首先选 3~5 点，因沿行车方向与沿横断面方向的湿密度不一样，行车方向的湿密度大于横断面方向的湿密度。这是因为机械碾压的过程中，土粒子沿行车方向挤压紧密靠拢，而沿横断面方向单靠侧压力土粒子排列较稀，所以在实际应用中需进行行车和断面两个方向的测量，取其平均值，先用核子仪测量，得出密度和含水量（绝对含水量），后用灌砂法或环刀法求出密度，用烘干法求出含水量（绝对含水量由烘干后的百分含水量与环刀法或灌砂法得出的密实度求出），计算得出两种测量方法的偏差值，即

偏差值 = 常规法测值 – 核子法测值

为满足工程的需要，有时需在沟渠中检测，有时需扒开土基的上层土壤进行深层土基的压实度检测，若直接进行测量，密度和含水量计数将会受到影响。因为此时测量，γ 射线及中子均受侧壁影响，故要按沟槽法进行校定及按对比试验进行修正。

六、灌砂法

灌砂法也就是挖坑填砂法，即在压实土基面，挖边长 50cm、深不小于 30cm 的坑，小心地将土取出并称重量（W），再用已知松散容重 γ 的干燥标准砂将坑填满，填入的砂勿受震动，并用直尺沿坑顶面将砂刮平，由填砂重量（G）和松散容重（γ）可计算出砂坑体积，$V=G/\gamma$，故土碾压实度容重为 W/γ。

第三节　核子密度仪的使用与校核

在水利建设及高等级公路建设中，需要快速、准确地检测大堤堤防、渠堤各项土方回填及路基等压实度，以控制工程施工质量。常规的检测方法是用环刀法、灌砂法或瓶加水法来测量密实度，用燃烧法或烘干法测量含水量，然后计算出压实度及干密度。这些方法所需的时间长、操作麻烦、效率低，不适合目前大规模的机械化施工。为控制施工质量和提高工作效率，改用先进的核子密度仪检测方法进行压实度、干密度的检测，准确快速，测一点的压实度只需要 1~3min，比常规检测方法提高工作效率 20 倍以上，并且操作简单，对所测构建物、建筑物无破损，可以进行重复测量。因此，在国内大、中型水利工程及公路工程建设中，核子密度仪已得到广泛应用。

一、目前国内使用核子密度仪的种类及其特点

（一）美国汉堡 HS5001c 新型核子密度仪及含水量检测仪

该仪器以核子贯穿的原理，用于检测公路、机场、路堤、河堤、大堤的填土和其他地基的密度与湿度，亦可用于检测水泥或沥青路面的精确密度和空隙率，操作简单，1min出结果，其检测效率远远优于传统的灌砂法和环刀法，是土木工程质量监理部门和施工单位控制土壤回填质量的理想工具。汉堡 HS5001c 核子密度仪目前有以下两种：

1. 旧式仪器

这种仪器的主要缺点如下：

（1）采用陈旧的模块结构，非常复杂，而且难以维修。

（2）小屏幕，只有 CPNMC-3 机型的 1/4 大。

（3）计量时间只有 3 种选择：15 s、1 min、4 min。在现场测试中，15 s 太短，1 min 太长，30s 比较合适。

（4）5001c 自动化程度很低，操作一次需要按 4 个键才能分别得出结果。一次结束后，如果再测量，需要同时按两个键清除上一次数据，然后再按时间键才能开始工作。烦琐的操作不但大大增加了操作难度，降低了工作效率，而且按键次数增多会缩短键盘的使用寿命。

（5）旧 5001c 采用普通电池，这种电池容易损坏，一旦损坏，电解液流出，就会腐蚀机内部件，使整机仪器报废。

（6）旧 5001c 在中国没有售后服务的基本条件。

（7）旧 5001c 键盘使用中文，但其中文翻译偏离原意，而仪器显示的内容仍是英文。

（8）旧 5001c 的外壳采用塑料制成，不抗撞击，表面容易开裂。

2. 新型 5001c 型核子密度仪

该仪器主要有以下优点：

（1）不用充电，用 6 节碱性电池即可工作 2000h，保证仪器随时随地均能正常投入使用。

（2）放射源体积小，而且采用最新材料双密封，放射源体泄漏更小。

（3）屏幕设计先进，检测数据层次分明，同时不会因阳光照射使显示屏变黑而难以阅读。

（4）综合检测精度高，并自动显示测量深度。

（5）整机电路采用模块设计，维修简便，更换模块不需重新核定。

（6）结构牢固，质量可靠，不容易出故障。

（7）中文键盘，操作方便。

（二）美国 MC-3 型密度 / 湿度测试仪

MC-3 型密度 / 湿度测试仪是目前世界上最精确、最坚固、最易操作的密度 / 湿度测试仪，MC-3c 是 MC-3 的中文版。

应用范围：公路路基路面、铁路、机场、大坝堤防的密度，以及含水率、压实度和空隙率的现场检测。其特点如下：

（1）按任意键开机，开机后可以立即工作，不需预热，完成检测后，1 min 自动关机。

（2）中英文双语键盘，更加方便中国客户的使用和操作。

（3）重量轻，便于携带，单人可操作。

（4）大面积液晶显示屏，一次显示所有测试结果，配备显示灯光，可用于夜间操作，配备亮度调节钮，可在任何光线条件下读数。

（5）可储存 200 个测点的所有测试数据，并可通过标准的 RS232 串行接线将数据传输至计算机上，测试数据与 EXCEL、DBASE 等数据库文件兼容，可立即转换生成各种图像和表格文件，或使用便携式专用打印机现场打印结果，被存储数据可以通过记录号查阅。

（6）时钟和日历与测试结果同时显示。

（7）测量时间 1~99s，可以自由设定，测量时间越长，测量精度越高，通常 30s 可以达到较高的精度，操作人员也可以输入理想的检测精度，仪器会自动调整测量时间，达到要求精度时测试结束。

（8）坚固耐用，制作工艺精益求精，外壳用高强度的铝合金制成，重量轻，抗撞击。所有电子系统防尘、防水，电路板均喷漆保护，以消除各种恶劣环境对测试的影响。

（三）国内长沙公路核子仪器实业公司出厂的核子密度仪

1.RMT-5122 型核子密度含水量仪的特点

该仪器能测出以下数据：湿密度，绝对含水量，压实度，精度的统计测量，干密度，百分含水量，百分孔隙率。

该仪器主要特点如下：

（1）大屏幕汉字显示（并具备英文显示），引导信息和测量结果均采用语音提示，易学，便于操作。

（2）测量速度快，1 min 内可显示所有测量结果。

（3）测量准确，重复性好。

（4）可做深层或表面测量，表面测量深度为 150~200mm，尤其适用于路面基层各种材料压实的检测。

（5）测量结果可现场自动打印。

（6）电源为充电电源，可反复充电。

（7）辐射剂量小，符合国家安全防护标准。

2.RMT-5102 型深层核子密度含水量仪

该仪器主要特点如下：

（1）主要用于土基基层数米深处密度与含水量的测量，且快速准确、操作方便。

（2）测量深度：0.6~10 m，误差密度 ±30 kg/m^3（±0.03 g/m^3），含水量 ±15 kg/m^3

（±0.015 g/m³）。

（3）测量时间：15~240 s 任选，可储存 100 个测点数据。

3.MT-5012e 型（便携式）深层核子密度含水量仪

该仪器主要用于高等级公路建设工程中路基路面结构层压实度的检测与控制，也广泛应用于铁路路基、机场跑道、大坝堤防等土建工程中土基压实度的检测。

该仪器特点如下：测量迅速准确，无破损，适应各种土基测量，辐射剂量小，重量轻，操作方便。

二、核子密度仪构造与工作原理

（一）核子密度仪构造

γ 放射源采用的放射源有铯 137，即（Cs137）和钴 60（Co60），密封于探测杆的顶端（美国产品）。国内产品：利用 Cs137 γ 源和 241（镅）Am-Be 中子源发出的微量射线，直接射入被测土壤或建筑物材料中，通过 γ 探测器和热中子探测器的探测记录，能快速测量出其密实度与含水量。

（二）辐射防护

1.美国 MC-3c 密度 / 湿度测试仪

放射源：γ 源 10 mci（毫居里）；中子源 50 mci 镅 -241/ 波。

双层不锈钢套严格密封，正常操作时剂量远远低于国际限定标准，严格符合安全法规。

2.国产长沙 RMT-5122 型核子密度仪

（1）Cs137 γ 源，7.4 MBq 用不锈钢双层密封。

（2）241AM-Be 中子源 1.48 GBq 用不锈钢双层密封。

（三）技术指标

1.美国 MC-3c 密度 / 湿度仪

测量范围（g/cm³ gcc）如下：

密度：1.12~2.73 gcc

水分密度：0~0.64 gcc

化学误差：透射 +0.012 gcc，反射 +0.016 gcc

不平整度误差：1.25 mm，100% 空隙率

精度（1 min 测试）：

透射 ±0.004 gcc（密度为 2.0 gcc）

透射 –0.008 gcc

反射 ±0.008 gcc（密度为 2.0 gcc）

反射 –0.064 gcc

水分 ±0.004 gcc（水分密度 0.16 gcc）

操作温度：0℃~66℃。

2. 国产

1）RMT-5122 型核子密度含水量仪

密度范围：透射测量 1120~2 740 kg/m³，背射式（反射）1 120~2 740 kg/m³。

含水量测量范围：透射 0~640 kg/m³，背射式 0~640 kg/m³。

深度：透射测量 50、100、150、200、250、300 mm 6 挡，背射 150、200 mm 2 挡。

密度测量误差：透射 ±20kg/m³，含水量测量误差 ±15kg/m³，背射 ±30kg/m³。

2）RMT-5102 型深层核子密度含水量仪

测量深度：0.6~10 m

测量误差：密度 ±30 kg/m³，含水量 ±15 kg/m³。

测量时间：15~240 s 任选，可储存 100 个测点数据。

3）MT-5012e 型（便携式）深层核子密度含水量仪

测量范围：密度 1120~2 740 kg/m³，含水量 0~640 kg/m³。

测试深度：150~200 mm，含水量 150 mm。

测量误差：密度 ±30 kg/m³，含水量 15 kg/m³。

三、核子密度仪的使用方法

（一）测量模式

核子密度仪的使用目前有 3 种测量模式：常规、薄层、沟槽测量模式，可满足不同的测试要求：

1. 常规测量模式又分为反射和透射两种方式。

反射方式：适用于不能打孔的表层检测，检测深度为地表至地下 12 cm。

透射方式：检测深度为地下 5~30 cm。

这些可由仪器 AC 挡与 BS 挡的精确划分，从而大大提高表层测试的准确性，真正实现无损检测。

2. 薄层测量模式专为路面磨耗层测试而设计，检测面层厚 0.25~7.62 cm。

3. 沟槽测量模式使沟槽、沟渠回填料的检测与地面上的检测一样方便。

（二）测量方法

测量的方向是平行于行车方向。

1. 打开仪器箱，将仪器提手扶正，拧紧边接套，将仪器电源开关打开，仪器即进入预备状态，预热 15 min。

2. 将聚乙烯标准块放置在支架上，再将仪器放在标准块上，在预备状态下按一下标准计数键，即显示仪器所储存的标准计数，再按标准计数键，仪器即对标准块进行 120s 标准计数测量。

3. 将仪器从标准块上拿下，放在需要测量的地基上（此时可进行选初始参数，包括预置测量时间、密度和绝对含水量修正值），即

百分含水量 = 绝对含水量 /（湿密度 - 绝对含水量）

绝对含水量 = 百分含水量 × 湿密度 /（1+ 百分含水量）

4. 仪器使用前必须开机预热，待测地面一定要平整，如果不平可用小刀铲除突出点，用细土填满凹下点以保证仪器底部与地面有良好的接触。

5. 测量时，8 m 内不能有其他放射源，仪器周围 1 m 内不要有障碍物或站人。

6. 仪器的测量时间在 15~240 s 之间，如果测量精度要求高，选择时间要长些，一般 60 s 比较合适。

7. 对于不同土质一定要进行现场修正，才能保证测量的准确性。

8. 使用后一定注意关掉仪器电源，以免损坏仪器，且一定放在干燥通风的地方。

9. 仪器的工作表面不应有影响使用的锈蚀、裂纹等缺陷，键盘的每一个键应灵便、准确，显示屏上的字应清晰无误。

10. 手柄和导杆的连接应牢固，这样导杆就能在导管中上下滑动自如。

四、核子密度仪的使用原理

利用同位素的放射性，人类制造了各种仪器、设备，广泛应用于各领域。20 世纪五六十年代，利用同位素测量密度含水率的技术逐渐得到完善。1965 年，美国 CPN 公司制造了第一台先进的核子仪，从此核子仪进入商业化生产。在欧美核仪迅速代替了烦琐的环刀、灌砂等传统方法，成为业界测量密度含水量的行业标准。中国铁道部在 20 世纪 80 年代中期首次引入核子仪并迅速推广应用。目前，核子仪已经在我国广泛应用于铁道、公路、机场跑道、大坝水库、渠堤高层建筑物等的建设中。

核子仪使用的放射源通常有两种同位素放射源，即铯 -137（Cs-137）Y 源，通过 γ 射线在土骨料中的传播，测定材料的密度。

镅 -241/ 铍（Am-241/Be）中子源，通过中子射线的衰减测定水分含量。这两种同位素密封于探测杆的顶端，密度测定范围 1.2 ~ 2.7 g/cm³，探测深度 30~50 cm，而且没有 γ 射线检测器（G-M）计数器或 r 闪烁计数器，以测试密度与含水量值的计数。

密度含水量仪工作原理如下：应用最广泛的（便携式）核子密度仪有两种形式，一种是密度测量和含水量测量都采用背射表面型，它的优点是操作方便，不需在土基上打孔，适用于黏土、砂石岩石等各种土基的压实度检测，最大测量深度为 150~200 mm；另一种形式是密度测量采用透射式表面型，而含水量测量采用散射表面型。透射表面型密度测量的优点是灵敏度和精度较高，测量深度可在 50~300 mm 范围内分挡选择，但需在土基上打一小孔，让放射源杆插入孔内，这两种形式的核子仪工作原理基本相似，采用 137Cs 同位素 γ 源测量密度，采用 241Am-be 镅 241/ 铯中子源测量含水量。测量密度原理是 γ 源

放出 γ 射线经被测路基散射后，部分散射后的 γ 射线返回路基面，被置于仪器底板上的 γ 探测器探测记录。这种散射即所谓的康普顿散射，其散射的概率与被测材料的密度紧密相关，将所探测记录的 r 射线的数量通过计算机数据处理，就能直接获得路基的密度。测量含水量的原理是根据中子与物质中原子碰撞、散射，慢化成熟中子的概率是以氢原子最大。由 n-γ 复合源放射出的中子射入路基中，与路基中的氢原子不断碰撞散射，慢化成热中子，部分热中子返回到置于仪器底部的热中子探测器被探测记录，所记录的热中子数量反映路基中含氢量的多少，路基中的氢主要来自水，通过计算机数据处理就能直接获得所测路基的含水量。

五、核子仪安全操作要求

1. 了解核子仪的构造和工作原理。熟悉核子仪的用途和测量模式，清楚键盘功能，保证每项操作可以准确快速地完成。

2. 核子仪使用前应进行常规检查，保证核子仪处于良好的工作状态。

3. 移动核子仪时，应确定探杆的把手锁在安全位置。短距离移动，用手提探杆把手或装入箱子里；长距离移动，最好用货车，仪器尽量置于货箱后头，远离驾驶舱。

4. 准备测试孔时，要用导板。导板可以保证打出的测试孔垂直，而且导板的周边尺寸与仪器底部的尺寸完全吻合，打完测孔后，在导板的周围贴近导板画一线圈，移开导板将仪器置于线圈中，探杆就会被准确插入测试孔中。这样探头离开仪器的安全位置后，就可以立即进入土中，既可以减少对人体的辐射，又可以保护探头和探杆。

5. 任何时候都不能撞击仪器，尤其不能撞击探杆和探头。

6. 按开始（START）键后，仪器开始进行测量计数，工作人员要退出 2 m 以外，如果靠近仪器，人体的高含水量会影响仪器的测试精度，也会增加不必要的辐射。

7. 核子仪器是极精密的仪器，必须专人保管、专人使用，绝不允许因为盲目害怕辐射，将仪器交给他人操作，不熟练、不规范的操作难以保证测试的准确度，而且容易损坏仪器，造成损失。

8. 仪器暂不用时，探杆把手要锁在安全（SAEE）位置，仪器应装入箱子里锁好。不要把箱子当座位使用。

9. 仪器探杆要定期擦油（润滑油），保证探杆上下活动自如。

10. 仪器要按照相关规范要求定期进行检修、核定和泄漏测试。铁道部在铁道科学研究院设有专门的核子仪检修中心。

11. 如果仪器受到意外高强度撞击或遭到压路机、重型汽车等的碾压，致使核子仪机体破裂，所有人员要退出，离仪器 5m 以外，并立即与当地卫生防疫部门或仪器制造厂家联系。

12. 报废仪器应交本地卫生防疫部门处理，绝不许随意丢弃。

结 语

水利工程建设阶段，堤防施工过程应该按照工程实际需求，合理运用新技术，发挥堤防工程在农业灌溉、水源引流和交通运输多方面的价值。同时，还需注重施工期间各项管理工作，保证工程建设质量，发挥水利工程效益，促使工程建设和社会经济、环境保护等方面能够协调发展。

水利工程的堤防防渗是一项非常需要受重视的技术，它在水利工程堤防防渗的建设中有重大的意义，要想有效达到堤防防渗的效果，要在一定程度上加强土墙的坚固性。而在现实生活中，水利工程堤防的建设过程尤为受到重视，而最受重视的是防渗，而我们要想更好地解决防渗的问题，离不开严格的技术操作流程，也离不开有效技术的实施，只有在水利工程堤防建设的过程中充分解决渗透带来的问题，才能更好地达到所想要达到的效果。水利工程是一项关乎人身安全和财产安全的工程，这项工程应该被重视起来，让水利工程堤防变得更加的安全，这对于观光旅游的人们来说尤为重要，因为这会使人们在享受生活的同时生命安全也能够得到保障。

重视水利工程设计与施工技术，了解在设计与施工过程中存在的问题与不足，总结问题、总结经验，探究合理的解决对策，可以有效地减少不良影响。对此，在水利工程设计过程中要从生态角度分析，实现经济效益与生态效益的有效融合，进而为社会经济的持续发展奠定基础。

总而言之，水利工程属于我国重点工程建设项目内容之一，它是国家发展和建设中非常重要的基础建设工程。堤防工程建设又是水利工程重要项目之一，其建设质量的好坏，不仅会直接关系到社会经济的发展，同时还会对国民生命财产安全造成直接影响。所以，相关部门要更加重视水利工程建设，保证堤防工程施工技术的应用有效性，全面提升施工效果。

参考文献

[1] 林三熙 . 堤防工程施工砂砾料质量控制方法 [J]. 黑龙江水利科技 ,2021,49(09):187-188.

[2] 饶天龙 . 关于水利工程中堤防护岸工程施工技术分析 [J]. 内蒙古水利 ,2021(09):56-57.

[3] 黄华倡 . 桥梁工程施工对堤防安全的影响评价 [J]. 地下水 ,2021,43(05):260-261+277.

[4] 樊有锋 . 浅谈堤防护岸工程施工风险及技术要点 [J]. 地下水 ,2021,43(05):262-263.

[5] 孙占胜 . 堤防护岸工程常用技术及建设的对策 [J]. 河南水利与南水北调 ,2021,50(08):35+47.

[6]V.Schmitz,S.Erpicum,K.El kadiAbderrezzak,I.Rifai,P.Archambeau,M.Pirotton,B.Dewals.Overtopping-Induced Failure of Non–Cohesive Homogeneous Fluvial Dikes:Effect of Dike Geometry on Breach Discharge and Widening[J].Water Resources Research,2021,57(7).

[7] 高文鹏 . 水利工程堤防护岸工程施工技术分析 [J]. 农家参谋 ,2021(15):179-180.

[8] 王发兵 . 水利工程堤防护岸工程施工技术的相关探讨 [J]. 四川水泥 ,2021(08):296-297.

[9] 卢圩煜 . 水利工程中河道堤防施工技术研究 [J]. 农业开发与装备 ,2021(07):113-114.

[10] 杨发祥 . 堤防工程施工关键技术分析：以黄盖湖防洪治理工程为例 [J]. 湖南水利水电 ,2021(04):92-94+119.

[11] 张国潮 . 水利工程中河道堤防护岸施工技术的探讨 [J]. 珠江水运 ,2021(13):109-110.

[12] 尹正超 .U 形钢筋砼板桩施工技术在堤防护岸工程中的应用 [J]. 江西建材 ,2021(06):173+175.

[13] 林永芳 . 贡川集镇防洪工程重要隐蔽单元工程质量控制 [J]. 水利科技 ,2021(02):51-52.

[14] 魏洁冰 . 水利工程堤防施工及防渗技术应用研究 [J]. 治淮 ,2021(05):58-59.

[15]AlNaddaf Mahdi,Han Jie.Spring-Based Trapdoor Tests Investigating Soil Arching Stability in Embankment Fill under Localized Surface Loading[J].Journal of Geotechnical and Geoenvironmental Engineering,2021,147(9):

[16] 乔建成 , 王金东 , 陈武 , 吕坤 . 关于水利堤防工程施工技术的研究 [J]. 中国设备工程 ,2021(06):8-9.

[17] 李雷 . 水利堤防加固工程中防渗墙施工技术研究 [J]. 新型工业化 ,2021,11(03):138-139+142.

[18] 韩琨 , 杨信林 . 水利工程中的堤防护岸工程施工技术 [J]. 中国新技术新产品 ,2021(05):107-109.

[19]Gragnano Carmine Gerardo,Rocchi Irene,Gottardi Guido.Field Monitoring and Laboratory Testing for an Integrated Modeling of River Embankments under Transient Conditions[J].Journal of Geotechnical and Geoenvironmental Engineering,2021,147(9):

[20] 谭伯秋 . 水利工程中堤防护岸工程施工技术 [J]. 科学技术创新 ,2021(05):134-135.

[21] 钟雅 . 水利工程中河道堤防护岸工程施工技术 [J]. 工程建设与设计 ,2021(03):191-192+195.

[22] 吴彬 , 秦开文 . 堤防工程施工技术在水利工程建设中的应用研究 [J]. 四川水泥 ,2021(02):202-203.

[23] 陈皓 . 水利工程堤防护岸工程施工技术分析 [J]. 农业科技与信息 ,2020(24):107-108.

[24] 解士博 . 浅析水利工程建设中的堤防施工及其质量管理 [A].《建筑科技与管理》组委会 .2020 年 12 月建筑科技与管理学术交流会论文集 [C].《建筑科技与管理》组委会 : 北京恒盛博雅国际文化交流中心 ,2020:2.

[25] 袁菊 . 堤防工程施工技术及质量控制研究 [J]. 居舍 ,2020(23):89-90.

[26] 马守新 . 加强堤防建设土方工程质量管理的要点分析 [J]. 现代物业 (中旬刊),2020(05):150-151.

[27] 高立彬 . 农村堤防工程建设质量控制浅析 [A].《建筑科技与管理》组委会 .2020 年 5 月建筑科技与管理学术交流会论文集 [C].《建筑科技与管理》组委会 : 北京恒盛博雅国际文化交流中心 ,2020:3.

[28] 孙超君 , 高山 , 鲍耀 . 垂直铺膜防渗技术在分淮入沂堤防加固工程中的应用 [J]. 江苏水利 ,2020(05):64-67.

[29] 胥亨芳 . 浅析河道堤防工程施工的质量管理与施工技术 [J]. 农业科技与信息 ,2020(06):97-98.

[30] 刘露庭 , 李小冲 . 水泥搅拌桩在堤防整治工程中的应用 [J]. 黑龙江水利科技 ,2020,48(02):156-158.

[31] 滕娟 , 刘颖 , 吴泽昊 . 水泥搅拌桩加固堤防工程的设计及优化研究 [J]. 科技创新与应用 ,2020(07):96-97.

[32] 潘升坤 , 江建君 , 高原 . 锥探灌浆技术在堤防加固工程中的应用研究 [J]. 水利科学与寒区工程 ,2019,2(06):74-76.

[33] 曾石红 . 新化县大洋江工业园保护圈堤防工程施工技术 [J]. 湖南水利水电 ,2019(06):24-26.

[34] 邓伟佳 . 探讨堤防工程施工技术以及质量控制管理 [J]. 四川水泥 ,2019(09):148.

[35] 周凯斌 . 影响堤防工程堤身填筑质量的因素分析 [J]. 四川水泥 ,2019(08):304.

[36]Pei Wansheng,Zhang Mingyi,Wan Xusheng,Lai Ying,Wang Chong.Numerical optimization of the installing position for the L-shaped TPCT in a permafrost embankment based on the spatial heat control[J].Solar Energy,2021,224.

[37] 万海东 , 常利冬 , 李彤君 . 堤防工程泥结石路面施工 [A]. 水电水利规划设计总院 , 中国水力发电工程学会混凝土面板堆石坝专业委员会 , 中国电建集团昆明勘测设计研究院 有限公司 , 水利水电土石坝工程信息网 , 国家能源水电工程技术研发中心高土石坝分会 . 土 石坝技术 2018 年论文集 [C]. 水利水电土石坝工程信息网 ,2019:5.

[38] 马胜 . 试析水利工程管理方法及堤防技术研究 [J]. 城市建设理论研究 (电子 版),2019(09):47.

[39] 赵京 , 刘晓晓 , 刘祥杰 . 浅析堤防工程堤身填筑施工质量控制 [J]. 城市建设理论研 究 (电子版),2019(09):206.